# 如何停止不开心

## HOW TO STOP FEELING LIKE SH*T

### 负面情绪整理手册

14 Habits That Are Holding You Back from Happiness

Andrea Owen

[美] 安德烈娅·欧文——著　曹聪——译

贵州出版集团
贵州人民出版社

# 前　言

2007年年初，我陷入了人生低谷。

正在和我约会的那个男人说服我辞职并搬去和他一起住。在我们计划搬家时，我发现在这段关系中，他在每件事上都撒了谎，包括编造一个他患癌症的故事来掩盖他吸毒的事实。他从我身上抽走了几千美元，而就在那个星期，我手里拿到一支结果呈阳性的验孕棒。大约一个月后，当我彻底没钱了的时候，他离开了我。我被骗了。

我被羞辱了，更不用说被甩、失业、无家可归，而且还怀孕了。雪上加霜的是，在这之前的一年，我的丈夫为了另一个女人离开了我。

我的家人、朋友和同事对我的同情让我无法忍受。我能感觉到在我周围时他们散发出的不适——他们不知道该说什么或做什么。有些人甚至回避我——感觉好像他们不想靠得太近，怕自己会撞破我的窘境。我恨自己的生活，我恨自己曾经的逆来顺受，它使我陷入了如今的处境。

孤独和羞愧使我了无生趣。似乎我认识的每一个人都幸福地结婚生子了,即使其中有些人单身,也肯定不会像我一样,把日子过成一团乱麻。我觉得自己像是破损的货物,更别说是有史以来最蠢的女人了。我一遍又一遍地问自己:我怎么落到这个地步,我怎么会这么愚蠢呢?我到底怎么了?

回顾过去,我现在知道,在人生最低谷的那几年里,我建立了一种生活方式,在这种生活中,我把自己变成了我认为别人想让我成为的样子。我的精神崩溃了,我完全感受不到自己的价值。我害怕这个世界。我恐惧人们看到真实的我。一想到人们会发现我有很多不知道的事情,我就特别害怕。害怕他们会发现我多么迫切地需要别人,只想简单地爱和被爱。我的生活围绕着完美主义、自毁,以及我认为能使我安全的控制欲、习惯和行为——直到发现它们并没有起到这个作用。

当我开始缓慢却踏实地疗愈自己,并重整我的生活时,我发现我并不是唯一依靠这些习惯建立自己生活的女人。当我开始自己的教练生涯,帮助那些让我想起往日的自己的女性时,我意识到许多女性也在进行和我过去相同的自毁行为。并且她们想知道为什么自己感觉那么糟糕。

事实上,随着时间的推移,我开始意识到真的有一种习惯模式在压制女性,这些模式非常普遍。当我和其他心灵受创的女性交谈时,我发现她们都受到了 14 种有害的思想和行为举止的折磨,然后我开始为它们一一命名。

再次集中观察这 14 种习惯,我就开始意识到,当生活把我们击倒时,正是这些习惯击倒了我们,通过关注、识别和改正这些习惯,我们可以让自己重新找回力量和快乐。当我开始自己的工作,甚至在我开始教别人之后,我认为在如何生活这件事上,存在一条错误的道路和一条正确的道路。我想,你如果屈服于本书中提到的那些习惯,将注定走向厄运和不幸。

振作起来。我将要说一些可能让你惊讶的事。

本书前几章中提到的习惯都很常见。没有人会在读这本书时想:"不,我根本没有其中任何一个习惯。"这没问题。事实上,这很好。有时你需要用这些习惯来保护自己。我们需要用它们来保护自己免受生活的痛苦。这是我们所认识到的,而且这些习惯在短时间内起到了作用。当我们屈服于这些习惯到了某种程度时,它们将不再保护我们——实际上反而会阻碍我们,这时我们就会陷入困境。

一些自助书籍会告诉你,你投入这个世界的一切,终将得到回报。你的潜力和态度决定了你的环境和现实。我曾经相信这一点,但我越是环顾四周,听人们的故事,我就越是意识到……

人生无常。

> 生活是艰难的。并不是因为我们过错了生活,而是因为生活本身很艰难。
>
> ——格伦农·道尔·梅尔顿(Glennon Doyle Melton)

危机发生了,人们都是混蛋,我们被人甩了,小孩子乱发脾气，青少年让我们担忧得夜不能寐，医生给出我们无法接受的诊断。在生活中你没有做错什么，你并没有与它们产生"糟糕的共鸣"。生活就是这样的。

但是你想知道自己是不是做错了什么，因为其他人似乎弄懂了关于生活的一切，而你却没有，所以你最终感到孤独和困惑。

当这种情况发生时，你可能会买一些自助书籍，听一些能使人得到力量的播客节目（Podcast），希望从中得到一些答案。答案来自外界，对吧？还有那些秘密和解释？你在编辑你的清单：冥想、瑜伽、蔬果奶昔，关注图片分享平台上的人，并阅读了所有的书。

但我知道这才是真相：那个清单不会让你幸福快乐。

那些"答案"（幸福的钥匙）在于将过去的点点滴滴与你现在的行为联系起来，将那些让你痛苦的东西暴露于阳光之下。它与直面障碍，打通和处理它们，以及在这个过程中爱自己有关。那是一个接受所有随它产生的感觉和情绪（即使它们看起来说不通，甚至有问题），并且一次又一次地重复的过程。那才是自由与安宁。

这本书关乎如何辨别一个糟糕的习惯、选择一个不同的习惯，并实践新的行为。错了，就再试一次。重复涤清自己。这本书是一本行动手册，不只会带来阅读和思考。当你感慨"嗯……听起来不错"时，体现的是思考，而正确的反应应该是："嗯……听起来不错，然而让我有点不舒服。我得去做那些。我可能会搞砸。但我会继续坚持下去，因为我已经厌倦了那种糟糕的感觉。"

# 目　录

引　言　1

## 第1章　自寻烦恼
### ——学会管理你内心的自我批评　1

它来自哪里　6

为什么对自己说话的方式如此重要　9

如何解决它　10

原谅自己　25

## 第2章　走开，让我一个人待着
### ——孤僻和躲藏不是在保护你　31

它来自哪里　35

如何解决它　38

如何敞开心扉　40

# 第 3 章　检查看看
## ——你的麻痹机制仍在发挥作用吗　53

令我们麻痹的所有方法　60

麻痹 vs 安慰　60

你为什么会麻痹　61

如何解决它——你能真正使用的八大工具　63

# 第 4 章　比较和绝望
## ——永不落幕的心灵指责　77

如何解决它　80

# 第 5 章　你生命中的毁灭之战
## ——自毁　91

如何解决它　97

# 第 6 章　感觉像个骗子
## ——冒充者综合征　103

它从何而来　107

如何解决它　108

# 第 7 章　马戏表演
## ——取悦别人和寻求认可　119

它来自哪里　122

如何解决它　124

# 第 8 章　完美主义的监狱
## ——最厉害的自我毁灭　139

它来自哪里　143

如何解决它　146

# 第 9 章　坚　强
## ——虚幻的强硬外表　153

它来自哪里　157

如何解决它　160

# 第 10 章　让我来做这件事
## ——开始放弃控制　167

潜在的问题是什么　171

如何解决它　173

## 第 11 章　天要塌了
### ——为迎接灾难做好准备　181

它来自哪里　186

如何解决它　186

## 第 12 章　指责游戏
### ——让你走上隔绝之路的车票　195

如何解决它　199

## 第 13 章　零在意心态
### ——犬儒主义类固醇　205

什么是平衡　209

即使了不起的名人也会在意　211

如何解决它　212

## 第 14 章　没人喜欢一个懒虫
### ——过度成就的缺点　219

它来自哪里　224

如何解决它　226

**第15章 价值认知**
　　　　——你的路线图　233

　　找到你认为有价值的东西　236

　　定义现实生活中的价值认知　240

　　寻找示警信号　245

　　想出你的咒语和宣言　245

**第16章　我所知的真理　249**

　　致　谢　255

　　出版后记　257

# 引　言

10年前，当离婚后的我接受心理治疗时，我坐在治疗师的办公室里说："我需要多长时间才能从这个创伤中走出来？因为我准备好了，我想现在就开始。"

在那一刻我甚至可能看着我的手表——也许我希望我们能在一小时内将它圆满完成。我想要一个解决办法，我想加快这个进程。

如今这已经不再是秘密——个人发展是一个过程，不能快速地解决。即便如此，我们还是渴望一个清晰而直接的答案。我们想要一个解决方案。在这个循序渐进的过程中，我们能够怀着变得快乐、内心安宁，同时疗愈我们破碎心灵的终极目标来核对清单上的项目。我们寻找能与我们产生共鸣并让我们钦佩的大师和专家；我们开始工作，等待天堂在自助的光辉中打开。

天堂也许会打开，也许不会。在此过程中，每个人的道路和旅程看起来都不一样。有些人很快就会改变，有些人则慢一些。不管怎样，我想让你认识到了解自我的巨大力量。比如，你开了一个疯狂的派对。第二天早上你睡眼惺忪地走向厨房，你知道自己不得不把厨房清理干净。当你走入黑暗的房间中，你做的第一件事是什么？你要在黑暗中开始打扫卫生吗？不，你会把灯打开！你看到了你需要处理的东西——哪些需要扔掉，哪些需要清洗，哪些需要收起来放好。

个人的成长也是如此。首先，你需要看看在生活中你必须改变什么——清点库存的工作将告诉你哪些工具会有帮助。

我写这本书是为了让你快速追踪自己的自我意识。知道是什么让你犯错和不快乐时，你就可以改变路线。我想让你搞清楚是什么让你感觉很糟糕，我想让你知道你自己的价值，就像你了解你的购物清单里有什么一样。我的意思是，你知道你有多么喜欢咖啡，你知道谁应该在《钻石求千金》①（The Bachelor）节目中获胜，但是你知道你希望怎样生活吗？以每一天为单位？你知道什么会惹到你以及如何识别它们吗？因为这样做时，你就敏锐地意识到了自己的失误，同时可以纠正自己的错误——这就是你进入美好生活的过程。

此外，我还为你提供了一些额外的资源和支持，例如你将在每章中看到的与习惯相对应的冥想练习和工作表。

你的目标是注意你的习惯，看看它们如何阻碍了你，同时尽力针对它们做出大的转变。这样做，你就走在了通往非凡幸福人生的路上。

---

① 美国的一个电视真人秀约会游戏节目。——编者注

## 成功的关键

回想起来,在这段旅程的前期,我学会了一些至关重要的东西。在过去的 10 年里,我在生活的各个领域都取得了成功——友谊、婚姻、子女抚育、事业、身体——这并非因为我比其他人更聪明,或仅仅是我发现了一个秘密或者一个工具而已。其中的诀窍在于始终如一的投入。这是一项毕生的事业。只是读一本书,参加一个研讨会,或者在感觉特别糟糕的时候把这项工作捡起来,是不能成功的。这是一场持续不断的实践,它关乎失败后一次又一次重新开始;它关乎拥有大大小小的胜利;它关乎顿悟——那些你甚至没有意识到的事情对你来说其实是个问题。

====================
其中的诀窍在于始终如一的投入。
====================

无论你经历了什么,无论你现在情况如何,甚至是一年以后,你能否有机会获得你心目中惊人、帅气、成功的人生,都取决于你承担这份内在工作的能力和你能不能坚持到底。如果你说自己单纯是没有时间做这件事,我要告诉你,你的时间最终会用在哪里——不开心。你确实有时间。你仅仅是需要优先做这件事。除非你愿意审视自己的生活并采取行动,否则这本书上的文字毫无意义。

在每一章的结尾,你会看到一个清单,上面罗列着富有挑战性的问题。因为这些对于你来说并不够——阅读文章,阅读那些描述会让你不开心的习惯的章节,点头赞成并且说"是的,我有这个习惯"或"我也有同感",然后继续去做那些事情。通过处理这些问题来深入了解自己的生活,你会以一种创造性的方式(书写)从头脑中得到想法,这有助于你做出一些实际的改变。所以,拿出一张纸,自己(或与一位朋友,甚至与一组人一起)回答这些问题。

# 专　注

除了始终如一的投入之外,我还想强调一件事,它将帮助你从这本书中得到最大的收获。那就是专注。你将会读到许多不同的会让自己产生共鸣的习惯和思维方式。在读完这本书后,我想让你拥有这样一个清晰的认识,那就是每个习惯在你身上是如何体现的(如果你有这个习惯),以及什么样的工具能帮助你改变。如果你能在日常生活中敏捷而熟练地捕捉它们,真正的改变就会发生。

它可能表现为你答应别人做一件你不想做的事,接着在10秒钟内对自己说:"呃,胡说。你是在取悦别人。"或是你把第一天上学的孩子送去了幼儿园,之后回到家里,感受着因心痛而生的眼泪并开始打扫整个房子。此时我想让你停下来,并且说:"哎呀,我正在试图变得坚强和对此麻木。"这是一场胜利。从此刻开始,你所做的并不是通过取悦别人或迫使自己麻木来虐待自己,而是承认自己的习惯或信念,并尝试使用新的工具。

这就是专注。

然而，有时候过度关注是有坏处的。你可以叫它"过度思考"，但又不仅仅是那样。在个人发展中，许多女性容易对自己的行为吹毛求疵，想把她们所做的每件事都标上标签。这样做有好处吗？清醒是有好处的，对吧？那么，这样做有坏处吗？执着是有坏处的，对吧？我们怎么知道什么时候该理性分析，什么时候该依直觉行事呢？而且如果我们无法从我们的头脑中跳出来——当自我分析持续不断的时候会发生什么呢？

这种过度的思考被称为"过度识别"。它指的是我们对所做的每件事都采取过度检查的倾向。这种情况更容易发生在头脑聪明、成就高的女性身上。

所以，如果你发现自己正在这样做，首先，你是正常的，我想赞扬你对这项工作的投入。但并不是说你应该把全部的情绪和精神状态都分门别类。尽你的最大努力专注起来，但也尽力不要过度。找出你哪里犯错最多，哪里有空间改进，当你看到这些行为出现时，要把自己"抓个正着"，就像当时学习新策略一样充分实施它们。同时不要忘记一路善待自己！

## 承认羞耻

在2014的夏天，我去了得克萨斯州的圣安东尼奥，在勇敢之路训练营™［The Daring Way™，基于布琳·布朗博士（Dr. Brené Brown）研究的一种模式］接受训练。这段经历无论从个人角度还是专业角度都震撼了我的心灵。得知羞耻这个话题正走在个人发展的前沿，我欣喜若狂，并且我永远感谢布琳的工作。在这本书中，你会读到一些基于她的研究的工具和概念。

如今，羞耻似乎是一个流行词，而这其实是一件好事——人们更多地谈论那些阻碍他们体验幸福的事情。但一些女性一次又一次地对我说，即使在感到羞耻时，她们也不认为自己正在经历羞耻。好像她们无法识别内心的那种感觉。我理解。当我们认为某个人感觉羞耻时，我们可能会想象那个人做了不可思议的事情并被公之于众了：她被发现挪用了教堂的钱，所有教堂会众都知道了；他被发现与他的精神病医生有染，并且镇上的人都在悄悄谈论这件事。人也可能因别人感到羞耻：比如拥有一个醉醺醺地去看校园剧的酒鬼母亲，或因为入店行窃而被送进监狱的孩子。

但我现在知道的是，羞耻感不仅比我们想象的更为普遍，而且在私人场景中也经常发生。就算有些人觉得自己在生活中完全感受不到羞耻，我也不得不把实话说出来——所有人都会感到羞耻。而且如果我们不正视并承认羞耻，不能诚实地识别和处理它，并且学习克服它，羞耻就会控制我们。我们正在逃避一种存在于我们内心之中但未被我们察觉到的感觉。

布琳·布朗把羞耻描述为"一种让我们相信自己是有缺陷的，因此不值得被爱或获得归属感的强烈的痛苦感觉或经历——我们所经历过的、做过的或没有成功做到的事情让我们不配获得他人的感情"。

这是一个奇妙的定义，也是一个非常有用的定义，因为我们很多人都没有意识到我们觉得自己"不配获得他人的感情"。让我解释一下它是什么样子的,在我们的成年生活中是如何体现的以及它与你将要读到的习惯有什么关系。

我先给大家举个例子,这个场景来自我对中学的回忆,其中之一涉及公开羞辱。

那是我八年级的毕业日。我穿了我妈妈和我特意去买的漂亮裙子,同时我借了她那件漂亮的开襟羊毛衫,只是肩垫对我来说太大了,但那是在1989年①,所以它很完美。当我和父母从停车场走向学校时,两个受欢迎的女孩看到了我。一个人指着我对另一个人说:"哦,我的天,她穿的是什么?!"同时她们都歇斯底里地笑着。那天早上,我本来感觉很好很自信,然而当我听了她们说的话后,我感觉很可怕,而且很可笑。

那是羞耻。

这个看似小的场景并不少见,我们都经历过某种形式的公开羞辱。任何一个中学生都能讲出一个(或十个)像我这样的故事。当我们年轻时,我们被家人、朋友或学校中的人羞辱。作为成年人,我们在与伴侣的关系中、工作中和与朋友或家人的相处中,也看到了类似的羞辱。

最近另一个例子涉及一个身份,这个身份在我们的文化里被视为"不可接受",它通常会导致羞耻感。几年前,我们搬到了一个新的州,我的孩子们也到了新学校上学。我正在和我儿子的小学校长、新老师以及他的特殊教育协调员开会。我的儿子患有自

---

① 在20世纪80年代的美国,厚肩垫的服饰十分流行。——编者注

闭症，他的病历是从诊断他的医生那里传来的。

会议开始了，特别教育协调员开始大声朗读我儿子的健康史。她用无辜的声音说道："科尔顿和他的母亲、父亲和妹妹一起生活。他母亲有酗酒史……"我不知道那之后说了些什么，因为我能听到的就只有我耳朵里的血液在咆哮，而我的心脏也在剧烈地跳动。我的手心开始出汗而且我的腋下出现了刺痛。

我们在一个陌生的城市，而我也不认识其中任何一个人。几分钟前，我正和这些女人进行友好的交谈，我觉得她们可能成为我的朋友。当她大声读着"他母亲有酗酒史"时，我想知道：我应该打断一下，告诉她们我已经戒酒多年了吗？她们会说闲话吗？她们在那一刻就判定我是什么样的人了吗？我在同一时刻感受到了能压倒一切的，关乎逃走、保护自己和哭泣的需求。

所有羞耻故事的共同点是，人们对自己说，这感觉太糟糕了。真的，真的很可怕。没有别的情感像它一样可怕。就像布琳·布朗说的一样："羞耻是一种会造成全方位影响的情感。"这是一种被普遍憎恨的感觉，当我们经历它时，我们永远、永远也不想再次感受它。永远不想。我们可能没有意识到这一点，但在内心深处，我们知道我们想要它消失。

我在中学毕业典礼上感受到的羞耻发生在 25 年前，但我记得那些感觉，就好像它们发生在昨天。那些细节还很生动——我甚至记得嘲笑我的女孩的名字。那些源于看似微小的事件的感觉嵌入了我的内心，同时它们不仅开始塑造我这个人，还塑造了我的行为。

这就是为什么在开始思考我们将在这本书中读到的 14 种行为之前，要知道识别羞耻是如此重要的。我们都有避免羞耻的本能。不管我们是否意识到，我们一生都在尽力避免羞耻，而这种回避则演变为一股力量，它会唤醒我们潜在的破坏性习惯。也就是完美主义、取悦他人、指责他人、自毁、麻痹、孤僻和躲藏、控制、过度成就以及所有你将要读到的其他习惯的来源。如果其中某种或所有的坏习惯都常常出现在你身上，猜猜是谁在煽阴风、点鬼火？是羞耻。

即使你不了解自己生活中的关于羞耻的内容，它也可以通过强迫你做出本书中提到的任何一个行为来接管你的生活，如果你认为自己没有任何（或太多）羞耻感，那么你可能一直处于逃避羞耻的状态。

读过这本书里的习惯，你要知道，你很有可能把它们当成了一种保护手段。你要知道，这些习惯是你用来保护自己免受羞耻的东西，并且因它们努力庇护你而表示感激——然后做好准备让它们离开。

因为当我们陷入完美主义、取悦别人、麻痹及所有其他的习惯时，我们并没有真正地解决问题。我们至多是在一个需要更进一步关注的伤口上贴了一个临时性的、蹩脚的创可贴。而且举例来讲，关注的方式应该是以下这样的。

1. 清楚地意识到你所做的事与你想成为的人南辕北辙。我知道你不想参加取悦别人的舞会。我知道，当事情变得棘手时，你想要和人们联系，而不是逃避。我知道你想尽最大的努力，而不是用完美主义来毁掉自己。当你知道自己参与了这些行动时，就可以采取行动去改正它。

2. 了解你的价值认知。要像你了解自己如何喜欢咖啡一样了解它（见第 15 章）。对你来说什么是重要的？在日常生活方面，你能说出对于你来说最重要的事吗？先处理这些优先事项意味着什么？

3. 实践。你可能没法次次都做好，甚至大部分时候都做不好。改变行为是一件棘手的工作：有时候你会把一切都弄错，有时候你会把它做对，有时候你会为自己感到骄傲，在接下来的日子里，你会越来越为自己感到骄傲。然而，最终，你实践得越多，你就越能培养出对自己有好处的新习惯，而且越容易感受到幸福。

## 敞开心扉

你会在几个章节中读到这个短语"敞开心扉"。它看似平淡无奇，对吧？让我替你把它分解开……

敞开心扉的意思是，当你希望退后一步说"不"时，你能去做让你感觉不舒服的事情。当你敞开心扉的时候，你允许自己感觉到恐惧、尴尬和格格不入。但你也会感受到鼓舞！你深入挖掘，做这项工作，而且在同一时间感受到勇敢。

这就是敞开心扉的意思。

在你的日常生活中，当你面对一个麻烦和令你不舒服的处境（比如陷入一段消极的自我对话、一场无法避免的与暴躁同事的交流、和几个麻烦孩子的相处中）时，你有以下两个选择。

1. 什么也不去做，同时感觉很糟糕、恐惧，而这样一来，一切都将保持不变。

2. 接受自己不舒服，同时既勇敢又恐惧，并看到真正的变化。

你注意到这两种选择都包含了恐惧吗？因为如果不让恐惧也成为混合在其中的一部分，我们就不能度过困境，变得勇敢，过上极好的生活。

敞开心扉，致力于这项工作，便是在声明你已经厌倦了苛待自己，厌倦了应付那些让你不开心的习惯，并且已准备好做出改变。我真心希望你能更进一步做到这些。

当然，有时你会感到奇怪和尴尬，希望能从自己的感觉和自己的意识中逃出来。这没什么问题。当然，你会觉得尴尬。这个习惯已经养成几十年了；你当然要花些时间来适应、执行更加健康的行为。我没听说过有人期待展开一场艰难的对话或对人划定边界——"是啊，我迫不及待地想跟我妈来一场超级尴尬的对话，告诉她我再也不想在家里讨论政治了"。然而一切都会变得容易得多！你会感到恐惧消散了，逐渐让位于信心和能量。

所以，致这个世界上心灵破碎、不舒服、恐惧的女士们：欢迎你们。我们早给你们留了位置。你们就像我们一样，我们爱你们现在的样子，而你们仍然可以让自己变得更好。有一件事我很确定：当一个女人决心去改变她的生活，当她将关注点转向自身和她所追求的东西时,她是不可阻挡的。而亲爱的读者,你就是这样的女人。

我为你感到高兴,因为你正致力更多地了解自己。这样做,你就会开始好好利用这些能让你更开心的新工具,最后你就能改变自己。

而当你改变了自己,成为一个对自己更仁慈的人时,你就会鼓舞别人。连锁反应有移山填海之力,而女人不仅有力量改变自己,也有力量改变这个世界。

所以,把袖子卷起来,扎好马尾辫,让我们开始吧。

第 1 章

# 自寻烦恼
## ——学会管理你内心的自我批评

> 你看起来像要死了一样。
>
> 你以为你会升职，真是太可爱了。
>
> 想成为一个比基尼美女？是的，对。不过不是这辈子。

你曾陷入过一段充满言语虐待的关系吗？在这段关系中，另一个人不断地批评你，认为你永远不够好，并且总让你感觉很糟糕？在这段关系中，你开始怀疑自己，并且相信所有别人对你说的、与你有关的刻薄话？也许你还没有经历过这种类型的关系，但你知道有人在经历？光是旁观这一切就令人痛苦得难以忍受了？

而且，哦，我多么希望我说的是别人。但我现在谈论的是你与自己对话的方式。

即使从来没有人用这种方式和你对话，我敢打赌你有时也会用这种方式与自己对话（或一直如此）。

你内心的对话并不亲切。例如，当你从浴室出来看到镜中的自己时，你会如何对自己说话？或者当你犯错时呢？或者当你得到晋升时呢？或者当你开始和其他女人比较自己时呢？

在这些例子中,你的自我对话是和蔼的吗?是富有同情心的吗?就像一条刚从干衣机里拿出来的温暖的毯子,闻起来似乎是爱的味道?

我有点怀疑。

选择本章作为全书第 1 章是因为,内心的声音(或者描述为你"内心的自我批评"也很恰当)是最容易让女性感觉不开心的事物。

以 31 岁的美发师瓦莱丽为例。

> 我经常告诉自己"我很胖,这就是我在临近 32 岁生日时仍然单身的原因"。我经常在"吃"的方面批评自己,并在事后对自己的大多数决定感觉不满意。
>
> 我的朋友们要结婚生子了,而且我总是拿自己和她们比较,觉得自己不合格。如果我更瘦一些、更外向一些、更……一些,如今我也会有一段成功的恋爱关系。
>
> 让自己看起来漂亮是我工作的一部分内容,而且人们常告诉我我看起来很漂亮,但我从不相信他们。我觉得他们只是出于礼貌。

瓦莱丽的故事很有代表性——她拿自己和每一个人比较(详见第 4 章),并相信她的幸福取决于自身之外某个需要她去获取的东西。

有时候，内心的自我批评可能会极为苛刻，就像苏珊的例子一样。

> 我一生的大部分时间都用来讨好世界上的每一个人，而对待自己却很糟糕。我从来没有感觉到自己很重要。我用一种我**永远**不会对另一个人说话的方式与自己交流。自我同情和自我爱护是不存在的。如果我在某种程度上搞砸了某件事（就像普通人一样），它便不仅仅是一个错误。我告诉自己我是可怕、愚蠢、肥胖、丑陋的，而且作为一个人（包括女人、妻子、朋友、姐妹等你能想到的一切身份），我是完全失败的，我很差劲。我在那个糟糕的地方打滚，同时把那些话当作绝对真理。我的大脑知道它们不是真的，但没用。那些羞耻的感觉，以及当时那些我用来掩藏羞耻的自我毁灭的方法，真是非常糟糕。我很无助，因为自己不能摆脱它，甚至在治疗师的帮助下也不能。

明确地说，内心的自我批评听起来并不总是像一个真实的内心独白或十分流畅的想法。一些女性称，内心批评让她们感觉自己方方面面做得"都不够"，并产生一种挥之不去的怀疑，认为每个人都有的东西自己没有。接着被"我和其他人不一样"的信念冲击着。

如果不能把这些故事和内心独白联系到一起，你的生活或许就是这个样子：想做某件大事时，你会自然而然地猜想它不会顺利，因而选择放弃。也许你会把自己和其他女性进行比较，只是没有形成语言或记下细节。就好像你的人生中有一个没有经过你任命的董事会，各个成员们聚集在一起开会讨论你的价值，而且你相信他们的评价——与别人相比你的处境更糟糕。

## 它来自哪里

这个声音是从哪里来的？地狱的水沟里吗？

嗯，实际上，是的，它来自地狱中一个悲惨的小镇，那里的镇长是一个蠢蛋。

当然，我是开玩笑的。但请继续读下去，找出自我批评最常见的教唆犯。

### 家　庭

你内心的自我批评的第一个来源通常是你的原生家庭。有些人可能会回想起自己的成长经历，那就像一个散落着痛苦回忆的墓地，另一些人可能不仅记得那种将自己打倒的痛苦，还有些更细致的经历。

身为一个母亲，我完全可以看出它是从哪里来的。我们希望我们的孩子能适应这个世界，我们希望他们能取得成功，我们希望他们自信，我们希望他们在成长过程中尽量躲开痛苦的考验和磨难,对吗?我们不会在每天早上醒来时想:"我怎样才能让我的孩子感觉不够好呢?"

不,我们是善意的,然而最终的结果是,为了"帮助"他们适应并避免奋斗,我们有时会在不经意间让他们感觉自己不够好。以希瑟的故事为例。

我内心的自我批评是关于身体意象和外表的。从小,我就一直在苦苦挣扎。我在一个非常注重外表的家庭长大。我记得自己7岁时就讨厌自己的身体。我的母亲(我不怪她,她当时尽了最大的努力)想给我穿衣服、剪头发、烫头发(是的,那是在20世纪80年代),这完全违背了我的意愿,但我还是随她去了。我记得我对自己的外表非常在意,极其挑剔。当我十几岁时,自我批评确实起作用了,然而回顾过去,我意识到自己作为一个人的价值完全取决于外表。我从那些认为我很有吸引力的人(特别是男孩子)的关注中获得满足。如果有人认为我很漂亮,那么我就是值得被爱的。那种有价值的感觉是令人陶醉的。

我在四十多岁时,仍然在为此挣扎。所以,当我内心的自我批评大声地说话时,是一个恐惧的声音在说着:"你最好减掉两三公斤并且把那些皱纹处理掉,否则你就不够好了。"我知道外表并不能决定我的本质,但这些恐惧和感受是如此根深蒂固,以至于我每天都需要提醒自己改变这些想法和行为。

我想强调希瑟的最后一句话,从逻辑上说,她知道自己的外表并不能决定自己的本质,但她每天都需要提醒自己不要相信它,因为她的恐惧和感受是如此根深蒂固。

注意,内心的自我批评根深蒂固。这就是为什么我会不停地说这项工作是一种持续不断的日常努力,而无法毕其功于一役。消灭内心的自我批评需要进行大量的实践。

除了糟糕的家庭之外(或许它本来也不糟糕),你内心的自我批评噪音可能源于过去(或现在)的关系。正如我在本章开头提到的,在你和别人的关系破裂以后的很长一段时间里,言语虐待会一直伴随着你。或者,也许你的伴侣不一定有虐待倾向,但却会对你的外表、智力,或任何关于你的事进行冷嘲热讽。他可能把这些评论当作玩笑或戏弄,但这些评论已经融入你内心深处的信仰体系中了。

## 文　化

你内心批评的第二个来源可能是你的文化。它属于会引发"姑娘,别跟我提这个"这类回复的话题,但我们必须提到它,因为它的力量太强,不能被忽视。

事实上,我们生活在一种获利于女性感觉不够好、不够漂亮、不够苗条,什么都不够的文化之中。大公司从这一概念中赚取了大量金钱。这有助于经济发展。更进一步地,许多人还会说,一些宗教更倾向于让女性感觉渺小和不足，以此作为一种约束她们的方式。

有时这是一类问题。在我二十岁出头时，我和一个在附近富裕小镇长大的男人约会。那里是"富小孩"居住的地方。

他毕业于加利福尼亚大学伯克利分校，并且获得了工商管理硕士学位。不知何故，我们谈到了工作和对未来的期望，接着我提到了我的时装营销副学士学位。他咯咯地笑着，漫不经心地说："那也算得上一个真正的学位吗？"

我脸上惊恐的表情促使他迅速改变立场并道歉，但他的意思很清楚：对他来说我不够好或根本就不好。即使他没那个意思（然而他就是那个意思。他是个蠢货），在一种重视你来自哪里、在哪里上学的文化中，这样深入人心的评论，也创造了我们对于自己的信念，且难以撼动。

阶级和地位与外表一类的事物一样，会激发我们内心的自我批评。同样重要但容易被忽略的，还有种族和性别。我的一个同事，安德烈娅·瑞妮·约翰逊（Andréa Ranae Johnson）说："就我的经历而言，作为一名黑人女性，我的一些消极自我对话是'我很危险，生气是不好的，并且我应该做到尽善尽美，因为我们从小就被灌输了这些理念'。"

## 为什么对自己说话的方式如此重要

也许消极的自我对话已经成为你的第二天性。你可能会想：

"那又如何？我已经对别人很友善了，我是否对自己友善真的很重要吗？"

简而言之，是的。显而易见（或许也没那么明显）的原因是，当你不同情自己（当你养成了责备自己、说自己不好的习惯）时，你就会感觉不开心。

如果你经常性地自责，即使你不会感到自己是在夹着尾巴低头到处走，你的整体幸福感、你的自信和自尊也会受到负面影响。另外，它还会渗透到你生活的其他方面，同时激发你对完美主义的渴望、对控制的需要、对躲藏的需求，以及许多你即将在本书中读到的其他习惯。

如果你有孩子、恋人或朋友（也就是说，对每个人来说），自我同情是一种普遍需要的工具，它能让我们拥有更好的关系，而且在我看来，它有着移山填海的能力。如果有更多的人善待自己，整个世界都将改变。

## 如何解决它

既然你已经知道了是什么让你自责，它可能来自哪里，以及它会产生什么影响，那就让我们在不自寻烦恼的道路上继续前进，好吗？

简言之，这是一个练习善待自己和同情自己的过程，同时让你内心的自我批评不再统治你。我会逐个探究各项内容。

- 注意到消极的自我对话（我知道这是废话，请原谅我）。
- 弄明白是什么惹你不开心。
- 致力这个过程，练习使用那些工具，并且坚持到底。

解决方法是从承认开始。当你被内心的声音刺痛时，要承认它、听着它而且看着它。意识到它是成功的一半。你如果不知道那里有什么以及它什么时候发生，便只会听之任之。你一旦辨认出那些废话，就可以把它放到它该在的位置，然后倒掉。

## 承认它以改变它

很多女性告诉我，她们甚至不知道消极的自我对话正发生于她们的内心之中，直到她们仔细地深入观察。或者，因为听了太久了，她们已经习惯了，并把它当成了真理。

我经常告诉人们，这项工作最困难的部分是，要在学习使用改变它的工具之前，弄清楚到底发生了什么。为什么？因为，我们不喜欢去感受。没想到吧！

我说"我们"，是因为我也一样——假如真有一个"**稍微想想，随心去做**"的个人发展俱乐部，那可能就是我开的。但是现在我已经明白，在创造幸福生活的过程中，我们必须去思考，去做，去感受，并且必须疼惜自己。

做到这一点最简单的方法是，盘点你内心的自我批评对你说了什么。这里有一个可以指导你的练习。

拿出一张纸，列出你生活中的各个方面。

- 关系 / 合作伙伴关系。
- 友谊。
- 身体 / 外观。
- 工作 / 职业生涯。
- 生儿育女。
- 过去。
- 未来。

看着清单上的每一项，问问自己：我内心的自我批评在这个方面对我具体说了些什么？

辨别出最影响你生活的部分。是的，它们可能都让人厌恶——但你确定是这些事情在影响你的快乐和幸福感吗？

没错，对你而言，有些部分可能不会勾起太多内心的自我批评。当下的你可能工作顺风顺水、恋情甜蜜稳定。我在这里说这些不是为了诱导你无病呻吟。如果它与你的情况不相符，请跳过它。

对于其他方面，要公开而诚实地对待那些你认为对自己有害的信息。

所以，我到底为什么要折磨你，并让你清理内心的自我批评对你说的所有低劣的话？因为你如果不能看到它们具体散落在哪里,就没法清理它们。一旦意识到内心的自我批评,在控制它和疼惜自己这件事上,你就已经成功了一半。这就是为什么我希望你和你内心的自我批评像亲密的爱人一样,真正了解彼此。记住,你应该基于眼下发生的事情制订清单,而且每周更新它。如果你开始了一段新的关系,或者在生活中树立了新的目标,你内心的自我批评便会掏出新的烂番茄丢你。定期更新清单可不是一个坏主意,它能帮你产生一种自动意识——听到内心的自我批评的声音时,你立刻就会明白发生了什么,而不是迷茫地坐在那里焦躁不安。

## 激烈的抨击

现在你知道你不能完全停止内心的自我批评,并且你正在学习使用管理它的工具,你可能会发现自己想把那个声音当成动力。你可能会想,你如果对自己说话更温柔一些,不再把自己钉在耻辱柱上,就会变成一个懒鬼。你需要内心的批评家来帮你过得更好,对吗?

这些想法可能是这样的。

> 哦,贾尼丝最近瘦了13.6公斤。多么鼓舞人心!如果她能做到这样,那我可以瘦18.2公斤。
> 我真是个白痴,把那项工作计划搞砸了。下个月我会晚点走,早点来,在下次做得更好。他们会看到我有多棒。

我知道我丈夫喜欢翘臀，这些天我的屁股看起来好看多了，再多做几个深蹲，平屁股女士。

你内心的自我批评会把你和别人比较，说你可以做得更好，根据你的不足或失败，推动你做得更好，同时试图利用一切"缺点"把你变成一个更好的人。

（你知道这样一来会发生什么，对吧？）

姐妹们，让我们诚实点。你内心的自我批评是个混蛋。这种感觉好吗？除非你是个受虐狂，否则你可得不到什么好处。你知道总能让你感觉更好并最终获胜的是什么吗？是爱、仁慈和同情。它们都指向你。

> 你知道总能让你感觉更好并最终获胜的是什么吗？
> 是爱、仁慈和同情。它们都指向你。

在心里打击自己一下，可能会在一瞬间改变你的行为，但我可以向你保证这只是暂时的，它最终会让你感觉很糟糕，并会削弱你的自信心。

理解这一点十分重要，因为内心的自我批评不仅仅是贯穿你头脑的想法。你内心的批评者是一个声音，它源自你对自己的核心信念。当你照着镜子，对自己的身材吹毛求疵时；当你又一次与伴侣发生争吵，并觉得这是自己的错时；当你在工作中犯了错误时，问问自己到底是怎么想的，在内心深处，要真实地对待自己。

也许答案听起来有点像这样。

- 我不够瘦也不够美。
- 我永远不会有一段健康的恋情,因为爱我太难。
- 我是世上唯一被蒙在鼓里的人。
- 我是个骗子,很快每个人都会知道的。

我们内心的自我批评似乎认为它的工作是定期将这些信念发送给我们,而令人意外的是,它还为这些信念找到了"证据"。

- 你看看,裤子太紧了。我还是个虎背熊腰的人。
- 你看看,又吵架。我注定孤独一人。
- 你看看,工作又搞砸了。**失败者**。

我的老天爷啊,不一定非得这样。自我责备可带不来幸福、成功、健康和好日子。解决办法包括同情、仁慈和慢慢改变自己的想法和信念,一次又一次不断重复。

---
自我责备可带不来幸福、成功、健康和好日子。
---

或者,你也可以继续相信心里那个混蛋批评家,继续不开心。你看着办。

**弄明白是什么惹你不开心**

有些时候,触发事件是显而易见的。你知道要是婆婆批评你的育儿方式,你会感到沮丧和愤怒。你知道把自己和社交平台上的某些模特或瑜伽大师做比较,会让你觉得自己不够好。

然而,有些时候触发事件是鬼鬼祟祟的。

在灵魂深处,我们对归属感有生理需求。因此,人们对我们的看法变得很重要。在第7章和第13章中,我会进一步探讨"介意他人对我们的看法"的问题,但下面有一个练习,可以证明你内心的自我批评有多依赖于你对他人看法的过度关注。

1. 再来一次,将你生活中的每一个不同方面列成清单。
2. 在每一个方面下面,写下你永远不想让别人用来形容你的几个词。例如,在恋情中,你可能永远不想被你的伴侣看成贫穷、歇斯底里、有心理创伤、没有安全感和令人厌烦的人;在工作中,你永远不想被老板和同事看成不合格、不负责任和缺乏经验的人。要注意,覆盖你生活的所有方面。不要跳过或省略,真正做到敞开心扉。
3. 然后,问问你自己这些对你意味着什么。为什么不被你的伴侣看成穷人如此重要?这个练习并不是要改变你的想法,只是为了帮助你意识到你拥有这些想法。稍微夸张点说,这个工具改变了我的生活。当我因恐慌于别人对我的看法而自责时,我基本能立刻意识到这一点。

例如，这样练习了不久之后，我和一位女士约好在我的播客上做访谈节目，我很钦佩她，并且这是我长久以来的愿望。她要求下午做节目，但是我觉得很为难，因为我的孩子们下午一般都在家。下午做节目不是完全不可接受，但很棘手。我不顾自己良好的判断，答应了她的要求。

几天后，我正在和我的孩子们一起玩耍，在15点05分我的手机收到了一条信息，说："嘿，还要在15点做访谈节目吗？"

我想："哦，该死！天啊，天啊。"我竟然忘记了约好的访谈。

我很快回答说："对不起，请给我5分钟时间！"我给孩子们扔了一些玛氏巧克力豆和一个平板电脑，告诉他们我需要单独待上一个小时，还有"敢不听话你们就没命了"，然后跑上楼去采访她。

在做准备的5分钟里，我开始担心给她留下无组织、丢三落四、缺乏经验的印象。我拼命地想要进行解释（对她也对我自己），然后开始自责。

我早该知道的。她可能认为我很蠢，是个十足的白痴。

我犯了一个错误，接着跳起来攻击自己。它势头很猛，还很醒醐。然而我也没有示弱，我马上意识到这一切，并且停了下来。我告诉自己："这是个错误。这没什么大不了的。只要道歉就好。这事会发生在每个人身上。确实，每个人都会犯这样的错误。"

就是这样。然后我继续前进。

注意，我不觉得有必要对自己说"我做得特别好""她根本没对我产生那样的想法"。我的内心是非常清楚的,那些话是为摆脱不良感受做的尝试,而这样做永远是没用的。所以我选择把事实告诉自己——每个人都会犯错误,这个错误没什么大不了,我可以收拾我制造的烂摊子,就是这样。

另外,请注意,我并没有因为一开始就有了触发事件而感觉不好。触发事件可以是根深蒂固的,或人类本性的一部分。关键是要知道你什么时候会被触发,这样你就能逮到它,并和蔼地和自己对话。

这就是怜惜自己。

总之,了解你的触发事件并与它们和睦相处的过程大致如下。

1. 了解你的"预触发事件"。在某种情况下,你能预见自己将产生特定的恐惧感。留意并弄清楚这一过程。你如果能诚实地面对生活中每个方面的触发事件,接下来就能训练大脑注意那些自寻烦恼的时刻。

2. 当你被触发时意识到它。脆弱(犯了错误、和某人发生了争执、正在尝试新事物)时,你可能会有所反应。你如果能识别自己的反应,应该就能很快停止这种恶性循环。

3. 开始和自己友好地交谈。此时你不需要做得太过火。切中要害,然后让自己轻松些。

**实践和投身**

一个真相：你如果想控制你内心的自我批评，在坏习惯冒出来的时候逮住自己，并且开始怜惜自己，就必须投身于这个过程。你不能只是读读书上的字，就等着它自然而然发生。你要投身于这件事，并坚持下去，直到它成为第二天性。

女士们经常问我，从经常自责到开始怜惜自己要花多长时间。这很难回答，我想我大约用了 3 年时间——之后我才注意到我平时对自己说话的方式发生了重大变化。这是一个循序渐进的过程，但如果我仅仅尝试了几个星期，就因没有看到立竿见影的效果而放弃，那么这个改变是不会发生的。对一些人来说，时间要更短一些。这全都跟投入有关。就拿朱莉来说。

> 当我开始研究我内心的自我批评时，我既兴奋又紧张。兴奋是因为，我在研究一种束缚了我几十年的东西，紧张是因为我可能会做错。我优先处理它，而且你也知道——我是那样快地抓住了那个笨蛋，就像它试图打倒我一样快。现在我听到了声音，我说："不，今天不行！"然后我继续前进。这从根本上使我的生活变得更好了。

我不期待本章中所有的工具都能让你产生共鸣。一个一个地尝试下去，忽略那些你不喜欢的，保留你喜欢的和那些当你需要时很容易派上用场的。我们也可以预料到，你会在这方面取得很大的进步,然后再次陷入你的旧习惯里面。我经常听人说:"之前我做得很好,然后我又搞砸了,又开始和自己说废话了。"生活就是这样,奋斗就是这样。你内心的自我批评喜欢那些时刻。在那时你唯一需要做的就是,小心提防它们。

**怜惜自己带来的尴尬**

在改进之旅中,你可能听说过积极的肯定,说你轻松地把消极想法转变成积极想法了。好吧,如果我曾经给过你这个建议,请尽管把饮料泼到我脸上吧!

其实,我只是不相信自我肯定能发挥作用。说"不能发挥作用"的意思是,我认为这不太可能发生:你被一些根深蒂固的东西所触发,感到特别不开心,接着思考一些积极而华丽的东西,感觉就突然变好了。即使你试图一次又一次地向自己重复这些积极的肯定。正如我前面提到的,许多人自责是因为我们有着深深的创伤和觉得自己不够好的信念。

怜惜自己的整个概念可能是复杂的。你曾在很长一段时间里用一种特定的方式和自己交谈,这不是说改就能改的。如果这么简单,每个人都会试着做,我们在情绪上会更健康,对彼此也会更好。我也没必要写这本书了。

也就是说,许多人很难理解何谓"进行友善的自我对话"。我完全明白!有些时候我也一样。

开始念咒语。

咒语是一个强有力的词或句子,通常具有重复性。在这种情况下,我希望你能想到一个咒语,当你听到内心的自我批评时,就可以对自己说这个咒语。以下是我最喜欢的一些咒语。

- 我知道你在说话,但我不听。
- 谢谢分享,我在继续前进。
- 我听到了。
- 我不需要为此受苦,所以我选择不。
- 好吧,可事情就是发生了。(这是我用的那个!)

当你内心的批评攻击你时,你也可以提出一个有力的问题。

- 我在编造什么?
- 我到底在害怕什么?
- 这是真的吗?

承认自我对话的同时继续前行,但没有必要告诉自己闭嘴。这就是怜悯自己,记住!

卡罗尔·埃默里·诺曼底(Carol Emery Normandi)和洛勒利·罗克(Laurelee Roark)在《与食物无关》(It's Not About Food)一书中提醒我们:"要善良。你在与部分自我交战。"

之所以这么说,是因为当我和女士们做这个练习时,我一次又一次听到女士们说:"我要选择咒语'去你的'回击我内心的自我批评!"

虽然我完全支持你采取激烈的态度反击你内心的自我批评，也支持你把实用性放在首位。但在这一点上，我们需要谈谈。

你可能已经把前半生的大部分时间都拿来自责了。还在心里对自己施暴。我可以慢慢、冷静地帮你放下棒球棒①吗？你已经习惯了憎恨自己，以至于对你内心的自我批评做同样的事看起来很理所应当——但这很累人。你不需要再跟那个恃强凌弱的家伙对打了。

问问你自己：怎样会感觉更好？虽然让你内心的自我批评"滚蛋"并"死在火之地狱里"，可能会让你感到一阵胜利的涌动，可到头来这会起作用吗？记住，你内心的自我批评仍然是你的一部分——它包括你最害怕的东西、你对羞耻的恐惧、你过去的疼痛以及在言语和情感中表现出的痛苦。它仍然存在于你心里。你内心的批判源于恐惧，而恐惧的目的则是保护你的安全。我知道它用了一种很糟糕的方式和你交流，但你不必以其人之道，还治其人之身。

所以，试着先采取中立的方式回应你内心的自我批评。

## 情书比比皆是

怜惜自己的核心在于进行友好的自我对话，就像与所爱之人对话一样。

工作时，一个你信任和关心的同事在一个项目上犯了一个错

---

① 此处作者将对自己内心施暴的工具具象化为一根棒球棒。——编者注

误。她坐在桌子前大声地说:"我真是个白痴!我真蠢!我不该犯这样低级的错误。我可能会被炒鱿鱼!"也许之后她会开始哭泣。

当这一切发生时,你什么也不做吗?或者,更糟糕地,你会大声叫喊:"是的,你很愚蠢。你应该辞职。需要我帮你把东西打包吗?这有一个箱子。"

不。你可能会坐在她身边,用富有同情心的平静声音亲切地对她说话。你可能会告诉她,每个人都会犯错误,问你该如何帮她改正错误,甚至可能试图让她想起她在公司取得的一切成绩。

现在轮到你了。

练习为自己这样做。不要轻描淡写地把它当作一件"不需要动脑子"的事,因为这对大多数女士来说都很难。我们被内心的自我批评控制着,不停责备自己,而做相反的事时,起初我们可能会觉得奇怪。如果这样做唤起了某种情绪,不要感到惊讶。

这项练习可以帮你开始:拿一张纸或在日记本里给自己写一封信,首先写下你经历过的、让你有挫败感的事。然后问问自己你希望从朋友那里听到什么。想想你过去犯的错误,或者选择你生活中最让自己自责的一件事。如果犯错的是你的朋友,你在信中会说什么?

下面是一个例子。

亲爱的珍妮佛:

我知道你最近一直很努力,因为你拼命地减肥。你不穿泳装,也避免拍照,可大多数时候你只是讨厌自己的身体而已。听着，我要告诉你一些事情……

从一个只有几句话的目标开始，看看结果如何。这里唯一的规则就是你要对自己充满爱和同情。

你也可以给自己写一封道歉信。继续下去，这是你该做的。告诉自己为什么你应该对自己更友善，并分享你未来的打算。

可能看起来像这样。

亲爱的特雷西：

我需要为过去几十年来我对你说话的方式向你道歉。对不起，我一直待你很不好。我对_____（此处插入情景）感到内疚和残忍，我以前学到的对你说话的方式就是那样。从今以后我的打算是_____（填写此处空白）。

小心这样的浮夸承诺："我再也不会用那种方式跟你说话了。"记住，我们的目标是真实，而不是给自己添加更多的失败和责备！试着设定这样一个目标："我会练习用一种新的方式与你说话"或"我会抓住重蹈覆辙的自己，改变我对待你的方式"。

这个练习很有用。当我们写下自己所想的话语时，这些想法会在我们的身体里流动，然后体现在行动上，而不是仅仅在我们的头脑中漂浮。

## 原谅自己

我将在这里暂时转变一下话题,告诉你一个怜惜自己的关键:原谅自己。

为什么是原谅?不努力去原谅自己时,我们就会背负沉重的负担,而这种负担会加重我们内心的自我批评。自我原谅与爱护自己、怜惜自己之间密切相关。

坦白说,自我原谅可能是很复杂的。我可不会这样对你撒谎:"这有三个步骤:照这样做(念),你就已经原谅了自己,然后可以继续前进了。"它很复杂,可能涉及羞耻、内疚、悲伤,甚至心理创伤。需要被原谅的事情可能也有很多。如果你对自己所做的事深感羞愧,特别是一些涉及心理创伤的事情,比如你觉得某个人的死亡是你的错,或将受到家暴归咎于自己,请查阅本书"参考书目"部分并考虑寻求专业治疗师的帮助。

但是,如果你需要原谅的事情对你的影响力比上面我提的情况小(但仍然非常重要),那么我希望你能认真考虑下面这些内容。

让我们从描述问题开始。你做过让你后悔的决定吗?你有没有让自己陷入不利的处境?在过去和现在,你背负着某些情感包袱吗?想想那些你还在为之自责或"惩罚"自己的事情。也许你曾有如下经历。

- 欺骗配偶或伴侣。

- 对家暴逆来顺受，却没有在自己知道应该离开时及时止损。
- 经历过一次痛苦的流产。
- 大声责骂你的孩子（在今天早上或者在过去）。
- 在别人需要帮助时无动于衷。

或许你需要与自己和解，原谅自己——因为你已经因此让自己经历了太多悲伤、虐待和难堪。有时候我们会仅仅因为没有达成理想的目标而自责，而我们知道自己本可以达成。可不管怎样，那都是一段旅程。你可能从理性上知道这一点，但却花费了太长时间从感性上接纳它，你对自己没能达成目标还是过于苛责了。

我需要问你这个问题：你认为原谅自己意味着什么？许多人不会原谅自己，因为他们觉得有必要为自己的错误负责。为错误而受苦，持续不断地自责，从某种程度上讲是为了赎罪。对此，如果你认为自我原谅意味着自己以往的所作所为都是对的，或者，原谅自己之后，你会自动原谅做同样事情的人，又或者，自我原谅意味着你不必为自己的行为负责，那么我们需要谈谈。

以上并不是原谅自己的含义，它的含义应该是，你是个凡人，应该从对自身人性缺陷的指责中解脱出来。

一开始，你可能需要承认事实，无论它给你带来了多大困扰。这听起来很疯狂，但大多数时候我们就是会否认发生的事。因为承认事实意味着你可能要为自己的行为承担某种责任，甚至做出补偿。同时，完全承认现实可能意味着，你将不得不经历过去一直在逃避的感觉和情绪。

此刻不该掉进自我虐待的兔子洞[①]。我希望你最终能怜惜自己,但有时候在感到懊悔时,我们需要为自己所做过的事情道歉。懊悔的定义是,对所犯错误感到深深遗憾或内疚。内疚可能对我们有好处,因为它能激励我们做出改变。当我们感到内疚时,我们知道自己做错了什么。有时候我们的所作所为违背了自己的价值认知,甚至会伤害别人。内疚可以促使我们弥补自己的行为,并从错误中吸取教训,在下次做得更好。

同样重要的是,留意内疚以外的感受,比如恐惧、怨恨、愤怒、羞愧、沮丧、难堪等。你在回避其中任何一种感觉吗?如果要我猜,我会说,是的。也许你还给这些感觉留下了空间(详见第3章)?我们原谅自己或别人时,这些感觉往往就会出现。有时候,一大波糟糕的感觉会向你袭来。你要为此做好准备,知道这是正常且必要的通关过程。

在自我原谅的过程中,有时你可能需要向某人赔罪。这样做不单纯是为了净化你的道德心,让你晚上睡得更好。只有在不会引起别的麻烦时,你才应该道歉或赔罪。

假如你和一个已婚男性有暧昧关系,觉得自己需要向他的妻子赔礼道歉,如果你确定这会造成二次伤害,或许就不该做了。关于这一话题,恢复项目中有这样一课,它建议"在会伤害他们或别人时避免这么做"。换句话说,在你做这件事之前,要好好想

---

[①] 引申义为"一种复杂、奇异或未知的状态和情景"。——编者注

想别人。

而另一方面,你的自我原谅不能依赖于别人接受你的道歉。他们可能不会。在最完美的情况下,他们会通过拥抱接受你的道歉,你们会一起哭泣,然后快乐地分开。但这不是重点。重点在于表达和感受你的懊悔。在说对不起之前,要确保你不是冲着结果去的。

自我原谅的最强咒语是:"我是凡人,我犯了一个错误。"因为你是凡人,所以你会犯错。就是这样。犯错误并不意味着你是一个不好的人。你的错误只意味着你是凡人,你把事情搞砸了而已。如果反复念这个咒语能帮到你,那就念吧。

沉浸于悲伤,处理各种感觉,原谅自己,这些会随着时间的推移而发生,有时会交叠在一起。值得一再提及的是,自我原谅并不是一个一蹴而就的过程。可能对你来说很容易,但对其他人来说,它往往涉及实践,是一个需要经历数月或数年的过程。

还有,要记住原谅并不意味着遗忘。前事不忘,后事之师,你可以从所发生的事情中学到东西,并得到经验的指导。你可以感到内疚或其他任何感觉。我们的目的是处理羞耻感,并从记忆中剔除那些自己强加的责备。

对成长和幸福而言,你对自己说话的方式是极为重要且占据基础地位的。它很重要,你也很重要。我希望你能投身于此。我曾目睹这个过程彻底改变人们的生活,我毫不怀疑,通过关注自我对话,你将会更好地了解自己和生活。

## 问自己一些难题

- 你最常在哪些方面自责?
- 你内心的自我批评具体说了些什么?
- 你能精准地找出消极自我对话的来源吗?如果能,它来自哪里?
- 你能控制某些触发事件吗?如果有,你会怎么处理它们?
- 你需要就某事原谅自己吗?如果有,你会怎么做呢?

第 2 章

# 走开,让我一个人待着
## ——孤僻和躲藏不是在保护你

我们生活在一个社会化的世界里，科学也告诉我们：作为人类，我们生来就是要交际的。有些人甚至认为这是我们进化的原因。然而，在许多方面，我们比以往任何时候都更加孤僻。

我经常问和我一起工作的女性，她们的人际系统是什么样子的，更具体地说，我在问她们是否有女性朋友。大多数人说没有；即使有，她们也往往倾向于独来独往。

也许你也一样。

当你需要帮助，甚至是处于危机时，你也不会寻求援手。我猜你想要寻求帮助，但脑子里全是以下这些顾虑。

- 没人想听我的问题。
- 克里斯蒂没有这些问题。我不好意思告诉她。

我可以自己处理这事。我会搞定它的。她太忙了，没有时间听我说这些琐事，我不想打扰她。

基本上，你可以找到一切借口不去寻求帮助。

孤僻者未必是隐士。他们没有潜伏在阴影里，只是像吸血鬼一样只在夜里出来。孤僻和躲藏并不是身体上的，而是情感上的——这些女士在隐藏她们的不安全感，孤独地挣扎着，拒绝让别人看到她们。事实上，拥有这种习惯的女士往往是性格外向、交际广泛的女性，如果遇到这样一位女士，你会猜想她过着幸福的生活。毕竟，从表面来看，她的一切都安排得妥妥当当。

但在内心深处，她常常感到孤独、焦虑和恐惧。就拿我班上的温蒂为例。

> 当事情变得难办，或者当我陷入困境时，我会躲起来，因为这比直面所爱之人的评价要容易得多。我这么做是因为，我知道我还没做到最好，而且已经在相当苛刻地评价自己了。只有我的治疗师知道那有多糟糕。我仍然试图在我的朋友们面前露面，继续参加我喜欢的活动。感觉内心崩溃，做什么都心不在焉时，我却假装一切都很好。这让人心碎、精疲力竭。当我藏起来时，我感到自己麻痹了；这里没有快乐，只有时而袭来的痛苦。我觉得自己在对抗这个世界，同时我不能容忍别人知道我是一个失败者。

问题是，在习惯于孤僻和躲藏的过程中，恐惧感占据了主导地位。害怕自己看起来贫穷，害怕被别人评判，害怕自己的挣扎和痛苦会加重别人的负担。温蒂的故事就是一个典型的例子。我们害怕超越友谊的界限。我们担心向别人袒露内心后被人"看破"，因为自己并没有把所有事情都做好——就像我们希望别人相信的那样。

这堪称一场完美风暴①( perfect storm ),我们所做的挣扎已经让自己感觉很糟糕,不仅如此,我们又增添了更多的恐惧:害怕自己成为负担,害怕被人评判,害怕自己是唯一有这些麻烦的人。因此,我们通常会迅速决定不去求助。我不断听到的是,这些女士甚至都没考虑过是否要去求助。她们的内心没有因"我应该打电话给她吗"挣扎过,或者当别人问我们状况如何时,我们甚至没有犹豫一下要不要诚实以对。

那些习惯性地独自挣扎和躲藏的女人,从一开始就知道她们不会告诉任何人自己处于痛苦之中。那对她们来说太冒险了。

## 它来自哪里

有些人将自己孤僻和躲藏的习惯归咎于害羞或内向。我认为个性可能在这个习惯中扮演了一个小角色,而很多时候它是由你的一些经历创造的。也许你尝试过求助,或期待某个人能帮助你,却因为拥有那种感觉被拒绝或批评。找出时间来挑战孤僻和躲藏的习惯,真的是很有帮助的。

以雷切尔为例。

在11岁时,我受了伤,没有人相信我是真痛,

---

① 指独立发生时没有危险性但一并发生时会带来灾难性后果的事件组合。——译者注

从那时开始我把自己的感受隐藏起来。后来事实证明我需要做手术。这件事让我慢慢相信"没有人在意我的感受""当我受伤时，没有人会往心里去"，所以我决定不再和任何人分享我的痛苦。当事情变得难办时，我会退却。我把感觉藏了起来，把所有类似于脆弱的东西藏起来，不让任何人知道。

高中时，我有一群好朋友，但当事情变得糟糕，或者我不得不严肃以对时，我会躲起来。我害怕自己被视为软弱的人，我害怕根本没有人关心我的问题。有几次我试着分享和讨论我的感觉，可发现喉咙打结，然后我开始哭泣，这让我感觉比憋在心里不说更加糟糕。那种严重的不适使我不愿敞开心扉。所以，我再次打起了退堂鼓。

很明显，雷切尔的躲藏行为源于这样一个信念——就算她伸手求助，告诉人们她很痛苦，也没有人会相信她。也许你也有过类似的经历，而别人告诉你，产生那种感觉是错的。也可能单纯是因为，在你小时候，人们不会谈论自己的感受。

你可能找不到明确的原因，那也没关系。本书中的许多习惯都是交叠在一起的，因此你可能同时在努力追求完美和让自己变坚强，而它们都可能指向孤僻和躲藏。我们得变得脆弱一点，才能放弃这种习惯，但我们的原生家庭大多没有提供这种榜样，也不鼓励讨论这个问题。你可能从来没有了解过放弃孤僻和躲藏的重要性，甚至不知道它们为什么重要。因此，成年后的你没有放弃这种习惯的原因更是显而易见了。

问问自己为什么觉得孤僻和躲藏很重要。在日记里回答这些问题也许会有帮助：你觉得伸手求助之后会发生什么？具体是什么使你恐惧？你躲藏的原因与这些问题的答案有很大关系，恐惧往往是非理性的（尽管有时不是），但随着时间的推移，它们已成为你的真理。

**无意识的孤僻者**

或许还没意识到，但你可能正在孤立自己。

很多年前，我和一个我认定的真命天子约会，但状况很快就出现了。我刚离婚，也没料理好它，而这段新关系也很牵扯精力。离婚的过程是如此丑陋和痛苦，我真的认为自己的大多数朋友都不知道该如何帮忙。当时，如果她们帮助了我，我会感到羞愧、屈辱和挫败，所以无论如何我都不想面对任何人。于是，当我们的友谊慢慢溜走时，我转向另一边，表现得就像我没发现或者不在乎。

几个月过去，我和那个我已发现不那么完美的伴侣之间的关系变得更糟，同时我也躲藏得更深。我没有回复朋友发来的邮件（有时几个星期都不查看个人邮箱），也没有回复短信或电话，而且在和朋友聊天时，我会痛苦地撒谎，告诉她们一切都很顺利。

我太害怕被人发现了。我也很伤心，不知道如何处理那些缠绕在我身上的痛苦和感受。为摆脱那些感觉，我想尽了一切办法：（劣质的）情爱、购物、喝酒、聚会，以及最重要的，隐藏。我无法面对自己的生活。我怎么能在别人面前显露这一切呢？连我都不能忍受自己的经历，更何况别人呢？

问问自己，是否为分享生活中发生的事情做足了准备。那时我这样想：我无法忍受我的故事（我认为自己正处在一生最糟糕的低谷中），我确定每个人都会那样想，因此，我不值得帮助。我的生活一团糟，没人应该管我的破事。这些乱子都是我自己搞出来的，所以我需要自己处理。这看起来就像我在通过它严厉地爱①（tough-love）自己一样。我的朋友们，这种想法总会（没错，我说的是总会）以让你更痛苦为结尾。但是，出路也还是有的。让我们来探索一下。

## 如何解决它

孤僻和躲藏可能是一个难以改变的习惯。我们得变得脆弱一点才会想要寻求帮助，而脆弱是可怕的。真的太可怕了。我们可能会受到冷落或被拒绝，或者我们可能会被评判或批评（虽然有时是无声的，但我们能感觉到……我们知道）。简单地说，我们可能无法从另一个人那里得到我们需要的东西。暴露心里的太多东西太冒险了，所以我们保持沉默。

同时，就像雷切尔在她的故事中所提到的，很多人将脆弱视为弱点。当我和她说话时，她甚至表现出了对那些分享自身敏感故事的人的蔑视。因为她评判自身问题时很严苛，所以她在同一

---

① 指为起到帮助作用而严厉地对待有问题的人。——译者注

件事情上也很容易对他人评头论足。

此外,有时我听社区的女性说,她们觉得自己的生活范围太狭窄了,而这也波及了她们的友谊。一位名叫安娜的女士曾告诉我:"我觉得如果自己没有向所有朋友完全敞开心扉,没有倾注所有,那么作为朋友我就是不够格的。"许多人不会试图主动与朋友联系,但却觉得有必要成为其他人的支柱。在某种程度上,听别人敞开心扉更容易,在别人面前敞开心扉却很难。许多女性喜欢发现并找出别人的脆弱面,却不允许自己把脆弱面显露出来。

我们有时需要决定让自己更脆弱一些,还是努力让自己变得勇敢(具体来说,就是当我们必须做出决定是向朋友求助,还是保持沉默和孤僻时),可这两种结果都会让人感觉糟糕透顶。

一方面,向别人求助时你冒着暴露情感的风险。另一方面,你又冒着感到孤独的风险,这将引发更糟糕的习惯(麻痹、消极的自我对话以及我在本书中所写的所有其他行为),这反过来又会让人更孤僻。两者都很难;你只是觉得后者更让你舒服,然后便陷入这个循环中,永无止境。

我不是让你今天就打电话召集你的朋友们,倾倒你所有的苦水。而且务必不要依赖星巴克的咖啡师,并泪流满面地把你最隐秘、黑暗的秘密告诉她。此刻,我只想让你好好想想——你希望在走到生命尽头时,后悔找不到可以依靠的人吗?或者后悔没有和你现在的朋友处好关系?

我们必须试着变得勇敢或脆弱(通过仔细观察我们建立起来的"保护"自己的围墙,以及冒险穿越围墙去尝试联系外界)。我们必须练习犯错、反思,然后再试一次。

因为我们都不完美。你的个人发展旅程是不完美的,将会充满失误和失败。但是,我保证,一旦开始,你将获得动力和信心;我保证,你并不孤单;我保证,有成千上万的女性像你一样在读这本书,她们也在恐惧;我保证,通过一次又一次地练习让自己脆弱,穿过重重考验和磨难,你将得到你真正想要的和应得的爱和关系。

---

> 我保证,通过一次又一次地练习让自己脆弱,穿过重重考验和磨难,你会得到你真正想要和应得的爱和关系。

---

## 如何敞开心扉

当我和女性一起开展工作时,我最先问她们的一个问题是,谁是她们生活中的"关键参与者"——更具体地说,她们有一两个可以依赖的女性朋友吗?我们完全低估了女性友谊的力量,在现今繁忙和过度规划的文化中也没有把她们放在优先位置,事实上,这些关系的健康是我们幸福和快乐的关键。

让我们惯于漠视友谊的原因有很多。我们不但没有足够重视这些关系,同时对此感到恐惧。许多人曾被朋友出卖过,我们的内心已经不再有信任感了。或许我们认为,我们需要有数十个令我们惊奇的朋友,我们每天谈论日常,每周因喝酒而聚在一起,这只能让你感觉筋疲力尽，最后你想做的就只是穿着卫衣在家看视频而已。

很明显，到了现在你明白，要想摆脱孤僻和躲藏的习惯，你需要把脆弱显露给少数几个人。我的同事莎思塔·尼尔森（Shasta Nelson）在《亲密》（*Frientimacy*）一书中做了一个很好的总结：在大多数情况下，我们寂寞不是因为认识的人不够多，而是亲近的人太少。

这不是让你每日发布自己的隐私给你在社交网站上的朋友看，而是找一两个人，我喜欢称呼她们为"富有同情心的见证者"（compassionate witness）。像这些章节中提到的所有习惯一样，对于孤僻和躲藏，你要做的第一步就是意识到你正在做这件事。正如我之前提到过的，有一段时间，我真的不知道我在把自己藏起来，回避每个人。但是当你读到这一章时，如果感到心里的一只灯泡亮了[①]，那也不用谢。

**感同身受**

富有同情心的见证者是指能对你的苦难感同身受的人。可大部分人没有感同身受的能力（同时，相信我，这不是一个与生俱来的美德），所以这事可能很复杂、棘手。

让我们先排除掉无法感同身受的人。我们都有这样的朋友，当我们告诉她们我们过得很不好时，她们并没有以一种让我们舒服的方式回应。设想一下告诉朋友们自己的婚姻出问题了。你是

---

① 喻指灵光一闪的时刻。——编辑注

否会听到下面的话？

更惨女士："嗨，那没什么！我几乎肯定我丈夫在和他的办公室主任偷情。"

嗤之以鼻女士："没那么糟吧？我上周刚好看见你们两个，你们看起来挺好的。"

至少女士："嗯，至少你已经结婚了。该死的，我已经单身10年了！"

解决者："你去做心理咨询了吗？或者读读那本关于人际关系的书？要考虑去相亲吗？"

惊叹者："什么！？！我还以为你的婚姻很完美！你必须挽救这段婚姻！"（号啕大哭）。

自顾自女士："啊，令人失望。是啊，我跟你说，我和我丈夫这个周末大吵了一架。他居然在我们邻居做东的烧烤会上喝醉了，我……"

对于你婚姻的困境，以上没有一个回应是你需要的。也许读到那些话时，你会有一种下沉的感觉，因为……也许别人曾经试图把你当成富有同情心的见证者，而你却做出了那样的回应。啊，这就是人性！没关系。我们都这样做过。多尝试怜惜自己，让我们继续看看感同身受到底是什么样子。

接着以那件事为例。设想你刚刚告诉朋友你的婚姻出问题了。而她告诉你："哇，听起来确实很难办……如果你愿意，可以再跟我详细说说吗?"你感到很舒服,接着说了更多。然后,当你说完后,她回答说:"天啊,我现在不知道该说什么了。但我很高兴你把这事告诉了我。"

就是这样。

感同身受是指与某人产生同感。你需要在自己的内心深处寻找并发现另一个人体会到的感觉或情绪。这并不是让你和她一起深陷在泥泞之中,跟她一起痛苦,以至于她不得不安慰你(惊叹者)。即使你从未体验过那个人分享给你的东西,你也可以做到感同身受。

如果你经历过痛苦、伤害、背叛、不幸、悲哀,所有沉重的情绪,你当然能做到感同身受。你所需要的只是知道它是什么样子,并且真正地去实践它。

当我参加2008年的生活教练培训时,我们被分成三组。轮到我观察的时候,我组里的另外两个女人作为教练和客户进行实践。一位女士分享说她的丈夫刚刚被诊断出患有癌症,她崩溃地哭了。另一位女士对她说:"哦,亲爱的。这真的太痛苦了。很遗憾你不得不经历这件事。我知道你的心在破碎。"然后她握着她的手,让她哭。

我目瞪口呆,同时马上就知道了两件事:第一,女人之间的互动是美丽的;第二,彼时的我却不会这样对痛苦的客户。我会变成一个解决者,想要帮助她,为她和丈夫制订一个行动计划。但那不是她所需要的。她需要一个富有同情心的见证者。我迫切地想要解决问题是因为,我无法忍受她那痛苦的情绪。

为了表达对某人的感同身受并成为他富有同情心的见证者，你必须能够舒适地置身于那些不舒服的情绪中。

你可能会想："哦，那听起来像和一个神奇的精灵独角兽做朋友，但它们在现实生活中是不存在的。"我能理解。大多数人都不擅长感同身受，除非他们热衷于个人成长或从事临终关怀护理工作。所以，你猜怎么着？你可以借助你认为富有同情心的见证人练习感同身受。你可以向他索取你需要的，然后照着他的样子学。你所模拟的行为也向人们展现了你喜欢被如何对待。

（让我小声地提醒你，选择孤僻和躲藏，回避每个人，同样是一种模拟行为。）

这并不是说你需要一个专听你抱怨的朋友。也不是说你需要一个在你每次生气，或者事情发展不顺心时都可以打电话倾诉的人。我完全赞成偶尔有意识地抱怨，但现在我说的是你生活中更重要的事情。摆脱孤僻和回避别人的习惯并不意味着向别人求助，期待他们神奇地解决你的问题。他们做不到。几乎没人能用一句话或一次谈话替你解决问题。

这关乎告诉别人你的经历，这样你就可以理清自己的感觉了；这关乎某个人见证你的挣扎；这关乎你的痛苦被见证和倾听。

> 这关乎告诉别人你的经历，这样你就可以理清自己的感觉了；这关乎某个人见证你的挣扎；这关乎你的痛苦被见证和倾听。

## 关于听你讲故事的人

布琳·布朗告诉我们在恰当的时间与恰当的人分享恰当的故事,并与那些有权聆听的人分享故事。不是每个人都有权听你的故事。我想,为了勉强地与某人做朋友,我们或许都过度分享或单方面分享过自己的经历,并希望这次他们能奇迹般地像那些杰出伟人一样,以我们想要的方式来回应我们。然而他们没有。

但是很多人身边都有一两个人,他们堪称富有同情心的见证者(或具有这样的潜力),但我们只是一直孤立自己或严格地与他们保持界限——这对友谊非常不利。或许他们一直都是好心的解决者,只是我们从不告诉他们自己不需要那个。这使我想到了信任这个话题。

我们都知道,信任是一点点累积起来的。它并非由博大、汹涌的爱的洪流倾注而成,而是随着时间的推移,依靠微小瞬间(mini-moment)逐渐堆积起来的。例如,在我的一个线上课程中,一位女士告诉我们,她正在和一位朋友共进晚餐,她决定要变得脆弱一些,并把自己面临的一个困难告诉朋友。她的朋友听到后,立刻放下了叉子听着。那是建立信任的一个微小瞬间。那些微小瞬间说:"我在这里,我在倾听,你对我来说很重要。"

但这样的尝试也无法每每如愿。我们几乎都被出卖过,尝到过后背被捅一刀的滋味。也许我们把事情告诉朋友之后,换来的是他们在背后说长道短,或是其他一些可怕的事情,比如鼓动人们和我们作对——其中包括你能想到的任何一种闹剧。或许你已经经历过很多次,并且想着:"我再也不会相信朋友了。这太冒险了，根本不值得。"

相信我，我懂你。总的来说，在我自己的生活中，"别再那么信任别人"曾是一个我必须留意的问题。但是，如果你想停止孤僻、回避和躲藏，就必须创造并培养一两段亲密的友谊。另外，为了更好地构建和呵护那些友谊，你必须慢慢与那些人建立信任。

我有时听到的一个论点是："嗯，我是那种经常为朋友提供'微小瞬间'的人，但是反过来却没人那么对我。"好吧，这可能是真的。但是，就算你不想听，我也得告诉你，宝贝：在很多时候，如果你不把这些话告诉朋友们，他们是意识不到自己做得不够好的。

如果你不跟别人沟通，别人又如何能给你你想要的东西，在情感走向成熟的路上，成为对你来说重要的人呢？

## 告诉别人你想要什么

我非常喜欢这句"告诉别人你想要什么"。除非有人掌握了读心术，否则我们都会陷入困境，所以我们需要告诉别人我们想要什么，而我们的友谊也包括在其中。

深深叹一口气。

你有两个选择。

1. 你可以继续躲着他们，他们虽然很关心你，但就是不知道你想要什么，所以每次当你说起自己的难处时，他们都试图纠正你，或用"这是在夸大其词"一类的话劝你。

2. 你继续感到沮丧。

或者，你可以尝试另一种方式。你可以这样开始对话："我今天要告诉你一件发生在我身上的难事，我不需要你给我任何建议。我只是需要你倾听，也许需要你在最后给我一个拥抱。你能做到吗？"

同时你还有另一种选择："当我把我的事告诉你时，你总是尽力帮助我，我真的很喜欢这一点。我知道这表明你很关心我，但如果你只是倾听，我会更开心。"

你对他们说："这就是我需要从你那里得到的东西。"如果你观察富有同情心的见证者是如何照你的心愿做事的，并进行模仿，那你的进步就更大了！一个真正关心你的人会乐于知道你到底需要什么，以及如何让你感觉良好。

我有一个叫丽莎的客户，她有一个名叫卡丽的老朋友，但最近她们疏远了对方。丽莎告诉我，自从有次对对方说了狠话，她们只是每隔几个月进行一次匆匆而过、流于表面的交谈。丽莎非常想修复这段友谊，但需要道歉（不舒服的事情1），表达她是如何受到伤害的（不舒服的事情2），并告诉卡丽她希望这段友谊变得更好（不舒服的事情3）。

在真正深思熟虑之后，丽莎充分地做好了准备，开始和卡丽交谈，依照预想向卡丽道了歉，并以诚实、善良和清晰的态度告诉卡丽，她对这段友谊的设想。她很紧张。她无法控制卡丽会做出什么反应，能做的只有让自己敞开心扉。

谢天谢地，一切顺利。卡丽接受了丽莎的道歉，丽莎也拥有了自己需要的东西，现在她们之间的友谊更坚固了。

回忆一下这一章开始的时候温蒂的故事，她说她的治疗师是唯一知道她过得有多糟糕的人。她接着如下说。

我发现，当我和朋友交流我的问题时，会发生两件事：他们评判我，接着开始告诉我我应该换一种做法；然后我会被教导自己为什么没有处理好这个情况，以及这并不是什么大不了的事。与他们分开时，我感觉比以前更糟了，根本没有得到理解或支持，这场交流是失败的，并以我感到羞愧收场。我通常会求助于一两个人，在经历了上述情况后，我开始变得孤僻。

当我问温蒂是否告诉过她的朋友她想要什么时，她回答如下。

最近和一位女性朋友一起进行了尝试，这在此前从未发生过。我告诉她我孤立自己的方式和原因，以及我希望在谈话过程中她能同情地倾听。她接着告诉我，我需要做的恰好也是这样，告诉我的朋友们我想要什么，并且这样做完全没问题。

告诉别人你想要什么——这整个观念对我来说是全新的，实际上之前我不知道这是我能做到的事。我以前总觉得人就是那个样子的，因此产生了这样的想法：我能让谁为我做出改变呢？交流我的需求和优先考虑自己是我过去没有做好的两件事，但**它们是我正在努力的方向**。

这些谁会想到，对不对？从温蒂的话中，我们可以引申出几个假设。她假设如果她敞开心扉，她的朋友们会产生不好的想法，并且当她这样做时，他们也是那样回应的，所以她认为他们"就是那个样子的"，完全无法改变。

再说一遍，这样做的结果并不总是完美的。你的朋友可能因此生气，因为他觉得你在说他"做错了"。你表达想法的过程很重要，你可以总是以一种诚实、善良、清晰的态度表明你想要什么。但正如一句老话所说："你如果不主动提出自己想要什么，就永远得不到它。"记住，你有权告诉别人你想要什么！

## 善待你生命中最重要的人——你

如果你发现孤僻和躲藏对你来说极有吸引力，那么我可以肯定地说，你内心的自我批评正处于全盛时期。或许在你心里，它正在用麦克风向你发出大声的广播"不和任何人谈论你的问题才安全，你是唯一这样挣扎的人"等废话。

所以，我的朋友，到了练习善待自己的时间了。在上一章，我已经给了你一大堆相关工具，但我还想再重复一下，特别在你生命中没有富有同情心的见证者的情况下。不管出于何种原因，要是友谊使你感到孤独，就留意一下内心的自我批评吧。

还有，记住丽莎是如何与朋友沟通的，那真的很棒，不是吗？嗯，世事并非总那么顺利。在很多年前，我有一位亲密的朋友，她见证了我是如何度过生命中最艰难的时刻的。然而有一天，她开始不回我的电话。后来我终于于打通了她的电话，问她发生了什么事，她直截了当地告诉我，她希望暂时与我停止联系。我觉得自己被朋友抛弃了。她说那不是永远的，她只是需要休息一下。

我不知所措。

数年过去了，我不得不写信给她，向她道歉，因为我对她来说不是一个好朋友。她收下了我的信，而在那之后，再也没有回复过我。直到今天，我仍然不能完全理解自己当时做错了什么。

当然，我立刻开始胡思乱想。我告诉自己我是一个糟糕的朋友；给她发的最后一封电子邮件使我极其苦恼：我在里面又说错了什么？她为什么不再喜欢我了？为什么我如此糟糕？

坦白地说，现在我仍然很痛苦。而且这可能会持续很长一段时间。但我不会让这段经历为我其他的友谊蒙上阴影。我意识到，当再度需要向我最亲密的朋友敞开心扉时，这段经历确实让我有点杯弓蛇影，但关键在于我知道它会在什么时候发生，以及为什么会发生，然后我会做出不同的选择。这很难吗？对，非常难。下面我想挑出一些你可能也需要做的事重点讲讲。

当我第二次为她背离了我们的友谊而感到极度痛苦时，我开始胡思乱想。我相信自己是一个糟糕的朋友，当那些真正艰难的时刻来临时，我绝不应该向她吐露内心的痛苦。我和我所经历的痛苦都太沉重了，这段友谊是无法承受的。我太沉重了，我的生活太沉重了，最终结论就是，我是一个糟糕的人。

我对这样的自己深信不疑。

带着一些认识和好奇心，并且坚持这些努力，我可以克服那段往事，知道自己不是一个糟糕的人或一个糟糕的朋友。经过了许许多多的努力，现在我能够向我最好的朋友显露我的挣扎了。信任是随着时间慢慢建立起来的，不能强人所难或一蹴而就。

**继续坚持下去**

我绝不希望看到的是，当你与别人联系时，事情进展得没有你希望的顺利，于是你放弃了，并把我的书扔到房间的角落里。我引用这个经历不是想证明你应该保留自己内心所有的挣扎，把它们封锁起来，不再尝试联系任何人。

等你发完脾气，重整旗鼓后，我需要请你再试一次。说实话，初次尝试时，事情都不太可能进展得很完美。其他事不也都是这样吗？个人成长当然也不例外。我能向你保证的是，你如果能对自己和成长负责，一次又一次地去尝试，就会感受到进步。耐心和毅力是你的朋友，亲爱的，付出所有努力去摆脱自己孤僻的习惯，培养人际关系，深深地爱自己是值得的。

**问自己一些难题**

- 陷入生活中的困境时，你是否想要孤立自己或躲起来？如果是，为什么？

- 你的生活中有"富有同情心的见证者"吗？如果没有，你能想到一些具有这种潜力的人吗？如果能，他们是谁？如何使他们成为你的富有同情心的见证者呢？
- 你需要对你的友谊做一个"清理"吗？你需要有意识地与当前的一两个朋友培养友谊吗？
- 你能致力练习感同身受吗？你会怎么做？
- 如果你在友情方面真的很挣扎，要如何处理好你的内心批评呢？

第 3 章

# 检查看看
## ——你的麻痹机制仍在发挥作用吗

我遇见过很多想要变得更幸福的人。若是再加上安宁与自由，他们便拥有了幸福三重奏。

幸福是极好的，对吗？我的意思是，谁不想要幸福？谁不想要欢乐、狂喜、乐观和爱？感觉就像人们用所有你最喜欢的食物、音乐和朋友给你办了一场派对。

那么恐惧、焦虑、悲伤、失望和紧张等更困难的感觉又如何呢？它们无论到哪里都不有趣或值得庆祝。那我们该怎么对待它们呢？好吧，我们把它们打包，然后远远推开，尽我们所能当它们不存在。这是一个我们许多人一直在生活中实践和完善的习惯。

然而，我所能肯定的是，如果你不让其他所有感受和经历也同样从你的内心流淌，那么幸福，甚至安宁和自由，都会窒息而死。所有我们推倒和逃避的"更难搞"的东西实际上都是治愈和欢乐的钥匙。

说白了，我们让自己麻痹起来是因为我们不想去感受。当面对更难处理的情绪时，我还没有见过有人会因此兴奋，或大声呼喊："我迫不及待想要感受它！"我们宁愿绕开这些感觉，而如果我们必须处理它们，则更希望仅仅通过想和做就能解决它们。要是拿到了一个待办事项清单，我们会仔细思考并把它做完的。但是，如果拿到手的是"感情"，那还是算了吧。一个很明显的原因是，会痛。我们知道不要把手放在燃烧着的炉子上。我们知道不要穿小两号的高跟鞋。当我们意识到有东西会伤害我们时，我们通常会远离它。所以面对情感上的痛苦时，很少有人会睁开眼睛、张开双臂跳入那个洞穴般的开口，准备接受这一切。大多数人会把自己紧紧绑在一枚火箭上，然后火速飞往另一个星球。

一直到快40岁时，麻痹还是我自己选择的习惯。当挣扎和痛苦出现在我的生活中，你几乎能看到我身后的火焰——那表明我在以多么快的速度逃避它。

在饮食障碍、互累症[1]（codependency）、爱瘾症[2]（love addiction）、酗酒等恶习的漫长恢复期中，我学会了麻痹，至少我知道那个野兽在我自己的生活中是什么样子。在二十几岁时，我游离在它之外，因为当时我只会那么做。恐惧、愤怒、悔恨、怨恨、焦虑、悲伤、羞耻和脆弱都如此混乱和恐怖，我一点也不希望它们出现在我的生活里。

也许你读了那个情感清单，同时想着："是的，慢走不送，我宁愿吃一些蛋糕、喝点酒，或捧着手机随便看点什么，让所有那些感觉永远永远走开。"多年来我就是这么思考的，同时，我也弄不明白为什么我的生活不能像我希望的那样。我只是想拥有真正亲密的关系（尽管一想到那些我就吓得屁滚尿流），想让事情顺

---

[1] 也称为共依存症，是指照顾者和被照顾者之间一种失衡的依附状态，也是一种病态的关系。互累症并非一种正式被诊断的疾病。——编者注
[2] 一种涉及恋爱感觉的、被动性的、病态的行为模式，并非一种正式被诊断的疾病。——编者注

利进行，想让自己感到幸福。然而一切都不是这样发展的，所以我换了一个方向，试图通过做别的事（详见第 8 章和第 10 章）来达成它，当事情始终没有按照我预期的那样发展时，我越来越生气（详见第 12 章）。因此我变得更加与世隔绝，陷入了一个不断重复的恶性循环中。

也许你的思考过程不像我的那么糟糕。我的一位私人客户正在对抗着麻痹，她说："在一天结束的时候，我只想'结账退房'。我想在精神上远离我的生活，去一个不用做妈妈的地方。"我过去常常称之为"迷你假期"，我也这样做过。在我三十多岁时，任何压力、紧张或不确定性（比如日常生活）都能让我渴望喝一大杯酒，它能帮助我飘到远处。我可以到那个甜蜜的地方待上几个小时，不用关心那么多，也感觉不到生活的重负。这是一种与世隔绝的方法。很快，我发现自己每天喝酒只是为了应付我的生活，更别提应付我前几十年从未处理过的那些无意识的废话了，它们像垃圾填埋堆一样层层堆积起来。

不管你是因为讨厌自己的生活还是仅仅为了应付它才变得麻木，补救办法都是注视所有这些你不想遇到的麻烦，经历挣扎并感受它，然后继续前进。听到这番话，你可能想揍我一拳，但这是绝对真理。当你学会经历所有的情感时，你会生活得更好，变得更有适应力，同时感觉更幸福。

你最终会明白是你的麻痹让你感觉很糟糕。也许你现在就处在这个让你恐惧的地方，在这里压抑情感的痛苦超过了面对它的恐惧。

挖掘你人性中的自然和真实是你的自由和幸福。

我喜欢引用佩玛·丘卓（Pema Chodron）的书《当生命陷落时》（When Things Fall Apart）中的这句名言："只有一再地暴露在毁灭的边缘，我们才能在自己身上发现那坚不可摧的东西。"

---

> 只有一再地暴露在毁灭的边缘，我们才能在自己身上发现那坚不可摧的东西。
>
> ——佩玛·丘卓

---

在我的上一本书中，有一章内容为"所有被治愈的痛苦都将成为智慧"。我们很多人都有仰慕的榜样，我们希望拥有这些榜样的智慧，我们也许会读他们的书，参加他们的研讨会。或者，还有一些人，当我们感觉很糟糕时我们会给他们打电话。他们似乎总是有着极好的洞察力和完美的建议（无论我们是否接受）。但这些人却并不会像我们这样做，因为他们的生活一帆风顺。他们未必更幸运，而那种智慧并非与生俱来或被仙女赐予。他们之所以获得了那些智慧和力量，是因为当他们的生活以某种方式分崩离析时，他们选择了面对而不是逃避，而最终他们变得更好更强。他们获得了光明是因为他们穿过了黑暗。我最喜欢的一个术语是AFGO，它代表"又一个成长的机会"。AFGO的出现相当有规律，可以把它们视为邀请函。当天气风和日丽、事情一帆风顺时，我们没有变得更好。当事情分崩离析，我们把碎片捡起来时，我们

才会变得更好。

> 当天气风和日丽、事情一帆风顺时,我们没有变得更好。当事情分崩离析,我们把碎片捡起来时,我们才会变得更好。

情感上的痛苦就像身体上的疼痛,它在警告我们有些事情是错误的。它在向我们传递重要的信息,在集中我们的注意力,然后让我们知道自己是否应该改变生活中的某些事情。

试试把那些情感想象成人,看看会怎么样?假设一个邮递员蹬着自行车路过(假设他是瑞恩·高斯林[①]),在你耳边低语:"嘿,姑娘。那个人完全是在虐待你。那很不好。该设立边界。该坦率说出来了。我知道你感到痛苦和悲伤。"

我敢肯定你不会把瑞恩推开或让他骑上自行车快滚。你可能会请他进来喝杯咖啡,听一听他接下来要怎么说。承认你已经被虐待了吗?是的,瑞恩,再告诉我一些吧。设立边界?呃,那不好玩,但是得做,它很必要。坦率地替自己说话?很棘手,但你能做到。

我知道事情并不总是一成不变的。但有时确实如此,经过练习,它就变得不那么可怕了。

---

① Ryan Gosling,加拿大男演员、导演、编剧、制片人、音乐家和商人。——编者注

## 令我们麻痹的所有方法

一些常见的麻痹人的方法，如食物、酒精、毒品、购物、赌博、工作和运动，都是众所周知的。一些同样熟悉但我们不常听到的是互联网（大家都使用过社交网站吧）、爱（通常是不健康的爱）和性、咖啡因、忙碌、规划、假装快乐，有时甚至——我敢说，还有自助。

你可能一直在用其中一种方法或者每种都用到了一点点。关键是不要去想它们，或因自己的麻痹行为自责——关键在于知道你的麻痹行为是什么。我知道，这听起来很疯狂，但请继续读下去……

## 麻痹 vs 安慰

这是这个习惯棘手的地方。那些我们用来使自己麻痹的方法与我们安慰自己时所用的方法是相同的，但是当我们把自控力抛诸脑后，我们就进入了分离领域。需要通过洗盘子来安慰自己吗？不，那就让我们花费三个小时把房子里里外外打扫干净，并借此逃过晚宴。过了糟糕的一天，希望通过浏览几分钟社交网站把它忘掉？一个月后你意识到，比起在现实生活中和真人互动，你花了更多的时间去浏览社交网站。

如何学会区分安慰自己和让自己麻痹于愤怒、恐惧及其他不愉快的情绪？首先，你必须意识到麻痹正在发生。你在个人发展的旅程中走得越远，就越能意识到它的发生。很多人会心不在焉地看电视，直到一个小时后才意识到自己已经吃光了一整袋薯片。或者，他们极力否认每晚喝四杯葡萄酒已经远远超过了他们的需要。

问问你自己，你的自我关怀是什么？真的是吃纸杯蛋糕或喝威士忌吗？我不打算告诉你孰是孰非——然而，亲爱的读者，你可能知道答案。

毫无疑问，这是一条下坡路。你也在这条路上排着队吗？你是否会预留一部分时间专门做一些让自己麻痹的事？我也希望自己能在这里画一个方便的小表格帮你弄清楚，但我不知道对于你来说那些行为都是什么——其实，除了你谁也不知道。可当你做那些事时，你会知道答案。

此外，有时你知道你正在麻痹自己，可不管怎样你还是做了。遇到这种情况时，不妨大胆试一试。看看它对你有什么帮助，或者它最终是否会让你感觉更糟。你可以叫它有意识的麻痹、留心的检查——随你喜欢。自己检查一下，看看它是自我关怀的问题，还是已经变成了一种习惯。

我希望，读过本章和这本书后，你能对自己的触发事件有一个新的认识，知道自己会在什么时候麻痹自己，并且尽最大努力改变自己的行为。然后，一路怜惜自己。

## 你为什么会麻痹

处理这个问题之前，要先问自己一个重要的问题。拿出你的日记，或者干脆在书的空白处，写下这个问题的答案。

你认为＿＿＿＿＿＿＿＿（填写你的麻痹机制）能解决什么问题呢？

换句话说，你试图用麻痹赶走生活中的哪些东西？你可能会马上回答"压力"之类。但我想知道，还有什么？压力下面隐藏的是什么？如果你屈服于压力并在压力下崩溃，会发生什么？那是什么？硬要猜的话，我想它可能是面对失败、恐惧、焦虑或批评之类的事情。这里可能会有一大堆你不敢面对的感觉和经历，所以将它们全部赶走会更加容易。

许多女性因完美主义的强烈压力或患得患失而选择麻痹自己。原因可能是多种多样的，我认为对于你来说，知道"为什么"并且深究下去是很重要的。即使你不知道具体的原因，即使你的解释只是"因为我害怕"，你也会得到一些成果。

麻痹时，我们会与内心保持距离。最终的结果是我们渐渐远离了自己的人性。从我们不能达成的期望，到我们编造的关于理想生活的故事。从我们认为自己应该能快速地"处理这摊破事"，到在内心深处寻求每个人的认可。

因为置身于它们之中（和我们有缺陷的人性待在一起）是不舒服、不确定和可怕的。但这就是我们所拥有的全部，同时也是我们的解决方案。

不得不说，还有一个原因使女人特别倾向于选择麻痹自己的情感——那同时也是陈词滥调了（不是男人不用面对这个问题。只是其中似乎有性别差异）。在美国文化中，"情绪化"被认为是一种弱点。作为女人，我们被告知我们的眼泪是歇斯底里的，我们太情绪化或过度敏感。我们被说成某种疯狂的生物，头脑时常不清醒。

为了能继续在职场打拼，或继续一段漠视我们情感的关系，或继续显示出自己坚强的样子（详见第9章），我们封锁了自己的情感。

那么，现在呢？一旦知道为什么，你就懂得该怎么做吧？好了，把袖子卷起来，因为你即将学习如何把那些装在行李箱里随身携带几十年的东西拖出来。行李箱里面的东西（所有你可能认为不受喜爱的东西）绝对是你的一部分。因为它是你的一部分，所以它是美丽的。让我们开始吧！

## 如何解决它——你能真正使用的八大工具

我永远不会仅仅说"别再麻痹啦"和"相信一切都会好起来的"，这么做就像是在大冬天把你赤条条地从我的车里推出去一样。感受你的情感是一个习得的过程，而你已经抛弃它很多年了。可能几十年来你一直在以一种不同的方式行事。所以，抓起一把面巾纸、一本杂志、一个出气筒，也许还有一个奶嘴（供你在如婴儿般蜷缩时吮吸）。当然，在某种程度上，我是在开玩笑。

我给你提供的第一个工具是，当那些情感出现时，把它们大声说出来。苏珊·阿里尔·雷恩博·肯尼迪（Susan Ariel Rainbow Kennedy，即 SARK）给了我这条建议。她说只挑一个词就行，比如"悲伤""欢乐"或"怨恨"。这听起来可能有点傻，但我听很多人说过自己甚至不知道该从哪里开始，他们远远不懂自己的身体真正感受到了什么，以至于当各种情感出现时他们无法辨别。这项初步的练习能给你带来一个小而简单的开始。

第二个工具，我喜欢称之为"受控的情感冲动"。选择一个你不会被打扰的日子（在那天你有几个小时的空闲）。然后，放一些阿黛尔[①]的音乐，拿出旧的信件或照片，开始挖掘那些旧的记忆，然后放轻松。哭泣、尖叫、捶枕头，拿出路易斯维尔牌棒球棒猛击拳击袋，再配上能让你在精神和情绪上到位的任何音乐或声音。我觉得浴室是一个能让我安心坐下来号啕大哭的地方。选好地方，打开情绪阀门。

我的朋友和同事执业临床社工劳拉·普罗巴斯科（Laura Probasco）曾有如下描述。

> 有控制的情感冲动或创伤释放是疗愈过程的一个重要组成部分。作为人类，我们把创伤和情感贮藏在我们的记忆中，而为了保护自己免于面对痛苦的现

---

[①] 阿黛尔·劳丽·布鲁·阿德金斯（Adele Laurie Blue Adkins），英国创作歌手。——编者注

实,这些记忆通常会被封锁或压抑。允许自己回到过去并重新审视这些想法,不仅能为你提供面对它们的能力,还能治愈创伤。

人们往往会在受控的情感冲动中崩溃,因为他们害怕自己无法走出来。他们想:"如果我沿着这条路走下去,如果我故意让自己为此哭泣,我就无法相信自己会停止哭泣。"我的学生谢丽尔曾经坦白说:"我觉得我的痛苦是一个黑洞。我害怕开启或探索它,因为我太害怕里面的东西,害怕自己失去控制,害怕痛苦剧烈到杀死我。我不明白它为什么会在那里(它已经在那里很久了),而我也为它感到羞愧。这很难,因为我不想让任何人(包括我自己在内),知道我伤得有多重。于是,我想着,如果我是这样一个破破烂烂的人,为什么有人会想要待在我身边呢?

对于一些人来说,凝视痛苦的深渊似乎是不可能完成的任务,这样说并不是在轻视谁。深渊里可能会有创伤和悲痛,甚至是巨大的痛苦。所以这么多年来你一直试图把它赶走是不足为奇的。你一直在以自己所知道的最好方式照顾自己,把它赶走。

但事实是,赶走情绪的唯一方式是接纳它们,感受它们,然后让它们离开。你的感情是信使,它们希望被倾听、被尊敬,然后被释放。

所以问题便是:那个痛苦的黑洞哪儿也不会去。我明白这是让人无力的——无论是测量它的深度，允许它出现，或者，更糟糕的，让别人看到它。最近，在经过一番努力之后，我意识到我有一些悲伤还没有被处理过。我不敢把它释放出来，害怕它会把我整个吞没。但我从可靠的经验中得知，如果我一直将悲伤藏在心里不把它释放出来，它会消耗我的精力，更不用说剥夺我的幸福了，所以我决定把它释放出来。经过一番考虑，我决定让我最好的朋友（我富有同情心的见证者之一）参与这个过程。

如果让我内心的自我批评来决定，我可能要独力完成此事了（在我拖了大约50年之后）。但我知道，允许我的朋友和我一起努力，能在我们的友谊中建立信任和亲密，能帮我治愈创伤。

再说一遍，我知道我的例子可能对你不起作用，但我想让你知道可能性是存在的。几年前，我和谢丽尔一模一样。我害怕自己的情感。因为它们比我强大，我无法控制。我甚至认为把它们袒露给别人是可笑的。但如果你迈出婴儿般的一小步，后续改变是完全有可能的。

第三种工具是，理解你的经历可能是混乱的。一个人同时拥有两种情感，或对同一个话题频繁产生情感波动是很常见的。而我们想要拥有确定性。当我告诉女性要努力信任她们自己和她们的情感时，她们无论如何都想准确地知道自己感受到的是什么。我现在要求你信任自己的情感，不要过多深究。

第四个工具是，首先接受你的情感是值得存在的。你有没有把你的痛苦和别人的比较过？你认为自己的经历比他们的更糟糕吗？或者并不那么糟糕——因此不值得为此而痛苦？我听到很多女性说，她们不觉得自己的经历和那些真正受过苦的人的一样糟糕，所以她们告诉自己可以继续不表达自己的感情。

作为一个意识到自己的优越和好运的人，我理解这个见解。当别人承受着更重的疼痛和苦难时，我怎么会感受到疼痛和苦难呢？所以，是的，和我相比，有人承受着更剧烈的疼痛和苦难，与你相比也是如此。但这并不是说你要成为一个殉道者，在社交网站上发帖："天哪，请大家都过来看看我有多痛苦。痛苦的程度是 10 级。你也是如此吗？"

天啊，不。我确定的是，那些因为你认为不值得被感受而被你抛开的情感正在让你窒息，让你变得渺小，将你塞进一个盒子里。这对任何人都没有好处，尤其是你。你认为通过忽视自己的痛苦能减轻别人的痛苦吗？并不能。这毫无意义。你所做的是在削弱你的灵魂，阻碍你得到爱、发展、成长和幸福，用夸张的努力使自己保持渺小，不让别人感到不舒服。嗯，猜猜事实是什么，姐妹？没有人要你这么做。没有人为此感谢你。这完全是在胡扯，所以请停止这样做。

而且，有时候我们也常常评判自己的情感，而这同样是错误的。也许你会十几年如一日地为逝去的爱人伤心；也许你觉得现在你应该"更好"；也许有人伤害了你，而你试着说服自己，那个人不值得你沮丧。但你仍然会那样做。仅仅试着注意下，你是否"表决"或评判过你的情感应不应该产生。

我们评判自己情感的最常见方式是，认为我们根本就不应该有这些情感。如果你把它们全部赶走将会怎样？如果情感就像出汗或打喷嚏呢？你不能阻止它们（有时当我们忍住喷嚏时，我们会放屁，所以不管怎样一些事终将发生）。情感和情绪的产生仅仅是一种身体上的需要，要是试着接受了这一点会怎么样呢？

第五个工具是，注意你是否接受了人们给你开的感情处方。当我发现我的第一任丈夫已经出轨 7 个月了时，我感受到了极大的屈辱。当我向一些人表达这一点时，我听到人们说："你不应该感到耻辱！他才是那个做错事的人！应该难受的人是他。"我感到非常困惑，因为我知道在这种情况下我没有做错任何事，同时人们告诉我，我感到屈辱是不对的。但屈辱是我体验到的东西，是我的感受。我感觉耻辱，耻辱就是存在着。

当有人告诉你应该有何感受时，要知道他们可能出于好意，并且是设身处地地在为你着想。我们人类很奇怪——我们很难忍受别人的情感，因此经常说错话。重点是，要明白你的感情是你一个人的，不能任由别人差来遣去。

第六个工具是，对它们感到好奇。我记得有一次在播客上，我听到一个女人在讲她酗酒的故事，因为酗酒，她两次弄丢了自己的孩子。听到这些时，我不仅批评她，还对她生气——她就不能稍微处理一下这些破事吗？她怎么能这样对待她的孩子，一再做出糟糕的决定呢？当我意识到这些情感出现时，我好奇地问自己:"为什么我会有这种情感?我害怕它发生在我身上吗?她的故事反映了我自己的生活吗?"对自己的情感感到好奇时,我们便打开了一扇深入挖掘内心的门,同时也允许我们体会自己的感觉。注意,我没有评判自己的感觉,我只是好奇为什么。

发现自己在评判自己的情感,同时让自己觉得产生这些情感是错的,是特别有帮助的。有一些信息对你很有用,但前提是你要有好奇心。

第七个工具是,直接说出你的感受。你没想到自己会听到这一条吧?倾诉的对象可以是你的治疗师、搭档、最好的朋友,或者妈妈——你信任的任何人。让他们看到你的痛苦和其他所有情感。我在第2章中谈到了更多相关细节,在这里我同样不会一笔带过。我要说的不是把你所有最深、最黑暗的秘密倾吐给你的快递员,而是要了解和信任恰当的人。

孤独是最令人沮丧的情感之一。有时即便被人群包围着,你也会感到孤独。问问自己:你是否选择通过不与任何人接触来麻痹自己的感情?你是否把自己的情绪都藏在心里,不让别人知道?如果是这样,我可以向你保证,尽管看起来可能会有帮助,但它其实没有。你可能觉得畅所欲言很可怕,但把情绪藏在心里只会让它们化脓、恶化,同时让你感到孤独。

第八个工具是,学会信任自己和自己的情感。这种特别的感受情感的方式对于我来说是全新的,而且我是如此高兴,犹如醒醍灌顶。接下来让我解释一下……

我到了厌倦逃避情感和一事无成的人生阶段。当我清醒了，不再用酒精来麻痹我所有的情感了，缓慢但必然地，我的许多问题就像气泡一样噗噗冒出了表面。恐惧、悔恨、悲伤、愤怒、失望……仅仅说出一些，那些所有我曾推下去的包袱，就都没有了藏身之处。我基本上不会再逃避了，是时候面对现实并努力前进了。我知道我需要停止我的习惯性麻痹，但我不知道什么会应运而生。

当所有的情感蜂拥而至时，我并没有欣然接受。一开始是一场史诗般的糟糕暴风雨。情感似乎会从不知名的地方突然冒出来，有时我会惊慌失措。我的第一反应是愤怒：你觉得我一无所有吗？连麻痹机制都没有？我觉得我是个被看穿的新手，我感到灰心丧气。逃走并躲起来让我觉得更安全。

当我进入这个未知的领域时，我感受到强烈的恐惧，原因在于，我不信任我的感觉。正如本章前面谢丽尔的故事中所说："我觉得我的痛苦是一个黑洞。我害怕开启或探索它，因为我太害怕里面的东西，害怕自己失去控制，害怕痛苦剧烈到杀死我。"我们知道，仅仅站在那个洞穴的边缘，就足以让我们痛苦，我们无法想象睁着眼睛跳进去会有多困难。

而且明确地说，我不是要你冒冒失失地一头扎进去。那么，迈出幼儿般的一小步怎么样？当你发现自己迫不及待地抓起一杯（或整瓶）酒时，注意到它，并制止自己。或者当你试图说"我很好，这完全没关系"却冲进商场购物时，停下脚步，真实地描述自己的情感。渐渐地、一点一点地，你可以慢慢地开始相信你自己和你的内心，你将会，真正变好。

也许有时候，你会变得更好。我的朋友霍利，一个承认为了能"结账退房"而使用了从食物、香烟到酒精等每一种东西的女人——为摆脱麻痹不知疲倦地工作着。具体来说，戒酒改变了她的一切。她写道，在我做出颠覆性选择（不再喝酒）的那一刻，我发现自己找到了一直以来追寻的整个生命中的一切。从那一刻开始，我过去曾盼望获得却求之不得的一切开始展现在我眼前。我今天的生活和几年前相比截然不同。这完全是因为我选择了停止麻痹，开始敞开心扉。

事实上，没有人会因感觉而死亡。没有人会因踏入允许自己施放情绪的火焰中而死。最让你害怕的是对未知的恐惧，然而我可以向你保证，你真正想要得到的东西（让那种痛苦平息），就在你允许那些情绪出现的彼岸。你的身体知道该怎么做。你知道该怎么做。所需要的全部仅是对此付出一点点信任，并且采取行动，小步向前。

> 我可以向你保证，你真正想要得到的东西（让那种痛苦平息），就在你允许那些情绪出现的彼岸。

## 真正的难关

我已经写出了日常生活的全部压力，但真正的难关呢？

当我忙于写这本书时，我爸爸去世了。当这件事发生时我已经戒酒 5 年了，我总是会想，当我面对这样一个难关时，我会做什么。我可以喝酒吗？我想喝酒吗？如果不喝酒，我会缩回其他麻痹行为中去吗？

他去世的那晚，我和他单独在一起。那天他接待过客人，而我的继母在他过世 30 分钟前就回家睡觉了。他临终时我正在为他演奏鲍勃·迪伦（Bob Dylan）的音乐，并向他讲述我最喜爱的童年往事。回想起来，这真是绝对而明确的痛苦。

在接下来的几天和几周里，我明白了人们口中的"感觉周围的世界在崩溃"。然而那并没有什么意义。我觉得自己的胸口有一种无法承受的重量，我无法接受这样的事实——他永远不会再给我唱《生日快乐》歌，又或者亲吻我的额头。听说某个人活得比他久时，我会很生气，因为那意味着那个人享有更多时间。

即使感到找回了自我，有时我也会一个人待在家里。我发现自己只是坐着，听着时钟的嘀嗒声，然后开始恐慌，也许他本想在最后一刻告诉我一些重要的事情，却悄悄地离开了人世，而我则错过了。我恐慌于他的离开，恐慌于我的孩子们在成长过程中无法真正体验到他的爱。如果我的身边太过安静和空旷，我会觉得那些情感好像要将我整个吞没。

在他去世前的几个星期，我选择飞回我的家乡圣迭戈陪伴他。我给我的同事玛莎·乔·阿特金斯（Martha Jo Atkins）发了封电子邮件，告诉她我父亲快要去世了，以及我有多难过。在她回复的电子邮件中着重提到的一件事是："在最艰难的时刻陪伴你的父亲，有可能成为你一生中最困难和最有意义的经历之一。尽管很难过,但你能做到的——选择留在他身边而不是逃避这件事。这就是大爱。"

选择留在他身边而不是逃避这件事。

因为,老实说,我有点想留在北卡罗来纳州而不去陪伴他——为了避免看到他日渐衰弱下去,为了避免自己在看到他去世时痛苦不堪。我让自己沉湎于工作、琐事以及一切别的事情,这样就不用面对和感受那种灵魂破碎的痛苦了。

但我没有。

我坐在飞机上,飞越整个美国,本质上是奔向痛苦。"只有一再地暴露在毁灭的边缘,我们才能在自己身上发现那坚不可摧的东西。"

我是如何做到的,我是如何避免了麻痹自己并继续做下去的呢?答案就是我在这一章中所写的一切。我知道我的情感就是我的情感,它们没有错。我已经感受到悲伤、懊悔、怨恨、悔恨、愤怒、暴怒、失望、安慰、内疚、烦躁等(也许还有更多)情绪了。我允许自己的情感丰富多彩,我不会去评判它们或试图弄清它们的意思。我已经对围绕着我的情感的行为负责了——换句话说,我无法控制我的感受,但我可以选择如何回应它,或基于它选择对待别人的方式。有时仅仅是我周围的人的存在或者他们的呼吸就会让我狂怒,但我相信我的情感会平息下来,而不是粗暴地让他们滚蛋。我曾被我的悲伤和其他情感弄糊涂过,不过没关系,我已经谈过我的情感并把它们写下来了。

我认为我做过的最重要的事情是让自己足够信任自己,相信自己的情感很好，自己也很好。这是生活的一部分。生活永远是又美丽又痛苦的。经历悲伤就像在火中行走一样。这或许是我们遇到的最可怕的事。我们确信，如果不处理它、把它推开或一路战斗，自己就无法完成这一切。就算不能笔直前进、一帆风顺，我们也都理解——毕竟前路无常。

但我能肯定的是，这种火焰（这种痛苦和悲伤以及所有其他情感）是我们所拥有的全部。这是我们能体验到的生命之美的最有意义的证明。

**在孩子面前表达情感**

让我们花一分钟时间谈谈在孩子面前表达情感。在一切"难处理的"情感（忧伤、深重的悲伤和失落）面前，我的原生家庭都不能为我提供榜样。我不知道体验到这些情绪是可行的，而且当它们出现时，我吓了一跳。我从小就被教导要坚强，坚强是荣誉的徽章。我骄傲地戴着它。我想"看看我有多坚强。没有人能打倒我"。

近20年后，当我开始个人发展之旅并拥有自己的孩子时，我知道以前的做法是不健康的。我想塑造健康的情感，却发现自己在问："把什么表现给孩子是健康的，什么又是不健康的？"我之前提到的朋友玛莎·乔·阿特金斯是这方面的专家。她创立了死亡和垂死研究所（the Death and Dying Institute），所以她知道一些这方面的事。在回应我的问题时，她有如下描述。

如果你以这种方式显露情绪——像妖怪一样趴在地板上尖叫，同时用脚踹地，用手捶地，便会吓到你的孩子。这对他们没有任何帮助。如果你在别人怀中泪流满面，不停呜咽，也不要紧。这有益于让你的孩子们在看到不熟悉的眼泪或听到不熟悉的声音后消除疑虑，他们会知道你没事，只是真的、真的很悲伤。你的孩子可能需要不止一次地消除疑虑，他们需要看到健康的悲伤。你因为想变得坚强，所以隐藏自己的眼泪，不让他们看到你哭泣，把一切都藏在心里？这令人钦佩的行为是不必要的，最终对你或你的孩子也都没有益处。孩子们需要榜样，这样他们才能明白，当悲伤的事情发生时，重要的情感可以分享。

我真的认为总是试图在孩子面前故作坚强，是在给他们帮倒忙。我们认为自己是在保护他们，但实际上如果我们从不向他们展示发自人性的情感，便是在发出一条信息：我们认为他们没有足够的力量去见证那些情感，同时他们也没法从他们信任的人身上看到人类真正的韧性。他们信任你，所以请以身作则，向他们展示如何信任自己的情感和感受吧。你不会每次都做得很完美，但你仍然可以尝试。

改变麻痹的习惯对你的幸福至关重要。你生来就有韧性，能够应付生活中各种的困难，你完全可以在那些艰难情绪的彼岸茁壮成长，真正的强大来自直面你的苦难而不是远离它。

## 问自己一些难题

- 你用哪种手段麻痹了自己？
- 你为什么要这样做？深入挖掘并思考它的背后是什么。
- 列出所有帮助你感受情感的工具，想想哪些对你来说最困难？哪些你能承诺尝试？
- 关于下列问题的日记：
  ——如果我们的情感对我们来说恰好是完美的，会怎样？
  ——如果我们所有的情感都不"坏"，或者"错"，会怎样？
  ——如果感受你的情感只是人生的一部分呢？

第 4 章

# 比较和绝望
## ——永不落幕的心灵指责

> 我总是拿自己和别人比较。即使对象是陌生人。我觉得每个人都把一切整理好、安排好了——除了我。我告诉自己,我永远不会拥有我想要或渴望的东西,我永远是孤独的,因为我不是那种能得到自己想要的东西的人。我不像其他人那么幸运;我不聪明,不够漂亮,也不够风趣。
>
> ——保拉,46岁

啊,比较。低自尊由它构成。我不确定有谁能逃脱,女士们。你可能知道得过于清楚了。看到某个人(一个网络人物、一位同事、一位你最好的朋友、电视上的一个名人、街上的一个陌生人)时,你会从他们身上找出某个方面与自己比较。有时你会拿他们现在拥有的东西、现在正在做的事情和未来将有的东西与自己进行比较。

你有意或无意地说服自己,他们有一些你没有的东西,他们是那种你永远不能成为的人。无论他们拥有什么,都是有定数的,并不属于你。另外,你觉得自己很糟糕或特别希望自己能达到那个人的位置。

举一个恰当的例子：我最好的朋友艾米有一段完美的婚姻。她和丈夫已经在一起20年了，他们决定不生养小孩，同时把与对方的关系放在首位。他们成熟而充满爱意地解决他们的分歧，在他们身边时，你就知道他们彼此深爱至极。这对我来说，实在是前所未见。

我有一段旁人眼中"合格"的婚姻。我带着伤痛走入这段婚姻（我的第二段婚姻），同时经历了一些糟糕的事，这并不是什么秘密。我和丈夫有两个上小学的孩子。看起来有点特别，对吧？我觉得那是一段极好的婚姻——在这段婚姻中，我们不断地致力过得更好。但有时候，当我看到艾米的婚姻时，我觉得自己的并没有那么好：他们彼此留下的爱的短笺、他们创造的秘密语言，以及每周从不落下的约会之夜时不时唤醒了我内心的自我批评。我所听到的是我应该拥有他们所拥有的，我还不够努力，我不是一个足够好的女人或妻子，我的婚姻还不够好。在这个要有更多，要成为更多，要做更多的世界上，"比较"可能是一个真正的大获全胜者。

## 如何解决它

让我以这句话为开始：我永远（就算再过一百万年）也不会告诉你停止与别人比较。问题的关键在于管理它。即使你的社交媒体会向你发来充满这种鼓舞人心的名言——幸福的关键在于停止这种习惯；比较只是人类经验的一部分。总之，我们将学习如何管理它，而不是在那里安营扎寨，这样我们就可以不再烦恼，而是创造出更多的幸福。

可以肯定的是，我们中的许多人并不是把使用社交媒体当作一种让自己感觉良好的方式，而是提醒自己有多少人比我们更好。事实上（我打赌你不是第一次听到这些），你正在与之比较的对象会故意地炫耀他们的腹肌，在度假时摆造型，亲吻他们的伴侣，展示所拥有的一切极棒的东西和成就。可大部分时候他们可不会摆造型，他们会坐在马桶上浏览手机，开车上班，挣扎着养育孩子，担忧自己的银行账目，因吃太多冰激凌感到胃胀——你知道，正常人会把98%的时间用来处理这些。看在老天爷的分上，请意识到，在大多数情况下，你都是在用你的日常生活与那些人们选择在社交媒体上向世界展示的极少数时刻进行比较。这就像让迈克尔·菲尔普斯[①]（Michael Phelps）和我7岁的女儿一起参加游泳比赛。尽管非常相信那孩子的狗刨能力（更不用说她在浅水区倒立的能力）……但，我知道她会输掉那场比赛的。那说明她是个废物吗？当然不会。那意味着她永远也不能成为奥运会游泳运动员吗？不，答案同样是否定的。简单地说，进行这种关联是毫无意义的，同理，用你在社交媒体上看到的人去衡量你的生活也不是一个公平的比较。

---

[①] 美国游泳运动员，拥有28枚奥运奖牌，为史上获得最多奥运奖牌的运动员。——编者注

---

在大多数情况下，你都是在用你的日常生活与那些人们选择在社交媒体上向世界展示的极少数时刻进行比较。

---

比较会让我们相信，因为一个人有某种与我们不同或我们想要的东西，我们就不能拥有了。我发现我的做法无异于拿自己的婚姻与艾米的比较。我的朋友拥有非凡的婚姻并不意味着我不能也拥有。请注意，在比较时，你可能会做同样的事。

与别人比较时，你往往输多赢少。你很少会沉浸在比较的海洋中，开心地认为：'嗯！我的生活 / 身体 / 房子 / 关系这么好，比她的好太多，我真是太高兴了。"也许这有时会发生，但不会经常发生。另外，把你的自信和满足建立在对别人短处的感知上，并不是一个健康的获取自尊的方式。

### 亲近你的成功

你每隔多久会花时间为你的成就自豪？我会把这个任务定期分发给我的私人客户，而让我惊讶的是那时她们看我的表情——好像我在要求她们背诵打乱字母顺序的国歌一样。她们不仅很难看清自己的成就和成功，也不愿意这样做。她们认为这是在吹牛，太不谦虚。这也难怪——作为女性，我们从小到大都受到这种教育：在取得成功时不要大惊小怪。

在做这项任务时，列出一个简要的清单。换句话说，你原本可能打算写"获得了晋升，因为我刚好是下一个资历符合要求的获选人"。不，不，不。正相反，要写下"我得到了晋升"或"我被评为 2012 年顶尖销售人员"，而不是"被评为 2012 年顶尖销售人员（但门槛很低）"。（如果你的内心真的在挣扎，你可能要密切关注第 6 章的内容。）重点在于，你要么做了这件事，要么没有。在说明自己是如何完成清单上的内容时，不允许做出任何限定或使用借口。

同时，清单里的内容并不限于取得类似赢得普利策奖或成为一个天体物理学家的巨大成功。从中学毕业和高中毕业这样的事情开始写就可以。也许你通过了大学的有机化学课程，生育或领养了一个婴儿，离开了你的家乡，戒了烟，教会了一个小孩用便盆（不小的壮举）或成功地给自己做了法式美甲……在这个名单上，没有"事太小不值得说"这回事！

现在到了有趣的部分——学习为自己感到自豪。在跳到下一章之前，请仔细听我说。

女性在感觉自豪时体验到极度不适感的主要原因在于她们有着这样的信念：自豪等于自恋或吹牛。保持谦卑是高贵的，所以就略过我们取得的成就，继续清单上的下一件事吧，我们暗自思忖着，没有人喜欢一个自吹自擂的女人。最好保持渺小和安全，不要关注自己。

我不要求你把你的成就清单发到你的社交账号上，甚至不要求你告诉任何人。如果你有勇气把成就清单发到社交网站上，那就大胆试一试，我会为你加油打气。或者，如果你觉得很难完成这项任务，试试这个：想象一下，原本没有人知道你的成就清单，除了你。没有人会发现它，但是（假设）出于某种奇怪的原因，有人发现了它，却没有任何反应。换句话说，没有人会因为这项练习评判你和你的清单。你的成就清单对任何人来说都无关紧要，除了你自己。

接下来，我想让你看看你的清单，对自己说："我做了这一切。"记住，在说明自己如何完成了清单上的内容时不要做出任何限定或使用借口。继续说："我做了所有这些，我为自己感到自豪。"试着这样说一分钟。记住，没有人会在意你正在做什么。这份清单和骄傲是属于你的，只属于你自己。

你可能已经花了人生的大部分时间思考别人的成就比你的更高。现在是与自己密切亲近起来，并真正为自己创造的东西感到自豪的时候了。因为你做到了！允许自己沉浸在对成就的满足中，将有助于你管理那些让你垂头丧气的比较。

**控制你能做到的**

去年的某个时候我在图片分享平台上疯狂地对一群人取消了关注。我意识到自己之前关注了一大堆发布健身短视频以及日常瑜伽训练的账号。我的本意是，根据看到的健身和瑜伽视频，自己跟着练习（此处有一段歇斯底里的大笑）。或许你也料到了，关注这些账号几个月之后，当我看到他们在我的图片分享平台上的推送时，我意识到自己的感觉实际上变得更糟糕了，并没有被鼓舞。我的身体和我的柔韧度明显不同于我看到的那些健身专家和瑜伽达人的,不仅如此,我发现自己在假定他们都生活得比我好。我的意思是,如果你能在30秒的视频内,灵活得像禅宗信徒一样并在三步内完成深蹲跳[①](jump-squat),你一定有极好的完美生活,对不对?

清醒时,我知道这不是真的。我意识到他们和我们其他人一样有真实的生活和真正的挣扎。但是,在我浏览视频的短暂时刻里,我感觉到了小小的无力感,随着时间的推移,它变成了一个吸走快乐的黑洞。

你可能整天都有这种小小的无力感。这些小的疼痛叠加在一起能给你带来更大的打击,就像用平底锅敲你的头。单个来看,可能不会带来太多的伤害,但是随着时间的推移,它们积累了起来,并会影响你的整体感受,更重要的是,会对你的自我感觉造成不利影响。

自从我知道关注这些人对我的健康状况没有任何益处,我就不再关注他们了。有趣的是,当我的手指徘徊在"取消关注"按钮上面时,我有了一瞬间的恐慌并产生了这个想法:"嗯,如果我不去关注他们,那么我肯定永远也不能好好健身了。"天啊,荒谬至极。不管怎样,我还是取消了关注,绕过我内心的自我批评,并且完全确信,未来我整个人的身心健康并不依赖于图片分享平台上有着发达腹肌的"柔韧女士"。然后,我转而关注那些让我发笑的账号,而不再让我感觉自己不够好。

---

① 深蹲跳,一种难度较高的牵张缩短循环运动,可以提升下肢爆发力。——译者注

在现实生活中，你可能同样需要取消对某些人的关注。很明显，你无法摆脱那些触发你的"比较情结"的人，但想想谁可能身处于你的友谊圈边缘。可能是那个在另一个部门工作的女孩，你总是在快乐时找她聊天；可能是那个总是穿着惊艳的服饰，同时有一个刚刚升职的好男友的女孩；也可能是你在一年一度的家庭聚会上看到的表妹，她开始创业，看上去总是很开心（你的痛处）。如果这些人触发了你的不开心开关，如果你觉得待在她们周围不舒服，而且断了和她们的来往，也没有什么严重的后果。那就这样做吧。

显然，我们不能对全部触发事件取消关注，但认真想一想那些你有能力控制的、会驱使你进行比较的东西吧。社交媒体是其中很庞大的一种，而你在电视上看到的内容是另一种。我有一个朋友拒绝观看《与卡戴珊一家人同行》（Keeping Up with the Kardashians）这个节目，以免感觉自己的生活很糟糕。她同那些现实中的明星比较一切——从银行账户到头发，每次看完那个节目，都不会感觉自己很好。于是她停了下来。任何（不管是大是小）触发事件都能叠加起来，形成你对自己的整体感觉。

同时，想想你认为什么是励志。把自己轻了9公斤的照片贴在冰箱上以"激励"自己吃得更健康吗？或者这只能刺激你把现在的自己和以前的自己相比较，让你更不开心？你有分享设计的品趣志（Pinterest）账号吗？里面有你梦想中的家、梦想中的壁橱、梦想中的关系、梦想中的一切，然后你详细地研究它们——只为了让自己开心一点？你的底线在哪里？"励志"的真正定义是：引起或唤醒一种感觉或想法。我敢肯定，当你想创造某种激励你的东西时，是为了唤起有益的想法，对吧？

当下的目标是，意识到你正在这样做，如此一来，你就可以立刻选择不掉进那个"自己是宇宙第一失败者"的兔子洞。我在第 1 章向你们介绍了咒语，在此我要再次使用它。在这种情况下，我们将使用它来吸引你的注意力，并把你从比较的陷阱中拉出来。记住，咒语和积极的肯定不一样。一个积极的肯定是，当你把自己和美国小姐（Miss America）进行比较时，告诉你自己你有多好，但是在这个话题的背景下，咒语的作用仅仅是唤起你的注意，把你从绝望的深渊中拉出来，或者更恰当地说是，让你在陷入深渊之前抓住你自己。我向来最喜爱的咒语是："嗯，那只是发生了。"我只是在陈述显而易见的事实，它是中性的（不必因此而自责，或过度肯定），它允许我划定界限，因此我可以选择另一种行为。

> 当下的目标是，意识到你正在这样做，如此一来，你就可以立刻选择不掉进那个"自己是宇宙第一失败者"的兔子洞。

比如，有一天我在社交网站上看到了一位人生导师的帖子。她入行比我早几年，而且在网上很受欢迎。她宣布她正在去伦敦的路上，将在一个活动中发言。只需点击几下，我就能看到她旅行演讲时经过的所有充满异国情调的地方，然而这跟我没什么关系，我从没去过北美洲以外的地方，从没。下面就是我的思考过程：我永远不会有像她那样的演讲生涯，并且因为她没有孩子，我敢肯定她的生活中充满了购物旅行、温泉日，而且她可以到处随便走走，做她想做的事。在不到一分钟的时间里，由于社交网站上的一个帖子，我编出了一个完整的故事，不仅讲述了她的生活，而且讲述了我的生活是多么没有价值，以及我的未来注定一片黯淡。在几分钟的胡言乱语之后，随着我感觉越来越糟，我意识到发生了什么并对自己说："好吧，事情只是发生了。"同时关掉了我的笔记本电脑。此外，我并没有试图转变想法，告诉自己我有多棒，或者我总有一天会周游世界去演讲。这是把自己"抓个正着"的时刻——意识到发生了什么，同时改变方向。

尽管比较似乎是最难放弃的习惯之一，但我向你保证，这是一件你通过努力可以实现的事情，你的自我感觉也会更好。以达斯——一位 29 岁的作家兼妈妈为例。

从我第一次开始把自己和其他处在同一个空间的女人相比较起，我便开始写博客，距今已经 6 个月了。她们中的许多人比我更有经验，也没有面对我所遇到的一些独特的挑战。我做了一切尝试——从模仿她们的风格到改变我的外表，就为了成为另一个人。

我不停地这样做，直到我花了一些时间建立了我自己的网上小空间，在那里我可以大声说出自己的真实想法，在那里我不害怕作为我自己站出来，也不会通过模仿别人的行为举止来掩饰自己。放弃比较的另一个巨大好处是,我已经成熟到足够了解,那表面的平静和完美的发型包裹着一个普通的人类。

我仍然有把自己和其他女人比较的时刻。现在,让我回顾一下,记住我所取得的成就给我带来了多少愉快的感觉,想一想我已经走了多远。放弃比较的习惯不仅使我对自己的生活更加满意,而且增强了我的创造力。那种"老一套"的生活不再吸引我了!

比较可以成为强大的能量和幸福杀手。这个习惯可能会很难消失,但你绝对、肯定有力量在控制比较的走向上说了算。注意,使用你的工具,并且继续练习,你会在人生中发现更多快乐!

## 问自己一些难题

- 你最常与谁、在哪方面和自己比较?
- 你能承诺做出什么样的改变以免自己陷入比较的泥潭?
- 写下你的成功清单。
- 在被你视为"激励人心"的东西中,有没有哪些实际上让你感觉更糟糕?关于这一点你能做些什么?

第 5 章

# 你生命中的毁灭之战
## ——自毁

清楚地知道自己想要什么时，便迎来了生命中的一个激动人心的时刻。正式成年在召唤我们！也许我们结束了有害的人际关系，也许我们看穿了自己习惯创造的模式，同时准备好开始一种健康的成年人的人际关系了。

或者我们希望在工作中出类拔萃。我们知道自己可以在工作中赚更多的钱，所以我们承担额外的项目，开始攀登公司的阶梯。

我们在人生中不停地跳跃，为自己感到高兴，因为我们觉得生命的价值不仅在于希望得到我们想要的东西，而且还在于追求它。大家来击掌庆祝吧！

然后事情变得有趣。

你与伴侣的关系进展得很好，然而你开始回想前几段失败的恋情。你不习惯目前的成功，你甚至不知道该如何行动。你可能害怕自己的缺点被人发现，所以你隐藏起来，离群索居，同时疏远你的伴侣。

或者你在工作中取得了一些成功，这让你感到恐惧。你感受到了压力，接着你问自己："我要怎样做才能支撑下去？"内心的自我批评走了进来并开始对你呼来喝去，告诉你你不配得到晋升，其他同事有更多经验和更好的学历，而且你迟早会把事情搞砸的。

有时候，你明明知道该怎么做，却采取了相反的做法——这对于你或其他任何人来说都没有意义，但你还是做了。也许你会选择与你的伴侣吵架或开始与别人打情骂俏。或者更糟的是，也许即使当前这段恋情令你满意，你也还是出轨了。

在工作时，你搞砸了项目，放客户鸽子，而且在假日聚会上喝多了，在跳电臀舞时向每个人展示你的丁字裤，和宴会主人亲热。你一直知道不应该把这一面展现给同事们，也完全能意识到这些不是最佳选择。但无论如何你还是这样做了。

我的朋友们，那就是自毁（self-sabotage）。它是你生命中的一场充满隐喻色彩的毁灭性竞赛——它在漫无目的地四处乱撞，偶尔会看看自己弄出的一地残骸。但不幸的是，这不是一场游戏，而是你的生活。

这就好像你试图进入一种自我平衡——在那一刻你会感觉极为舒适。它是一个受监控的地方，有点小，无论是人们发出的评论，还是它崩溃时引发的痛苦，都不会太令人难以忍受。这就好像无论如何你都期待它崩溃，所以你只是试图迎来那些不可避免的结局，通过抢在引发一地残骸之前行动来把自己的命运掌握在自己手里。

在我更加深入这个问题之前，我想对我来说最重要的是，指出有两种类型的自毁——有意识的和无意识的。有意识的自毁者知道他们所做的事情正在损害他们的生活，而无论如何他们都选择这样去做。有时他们很在意，想要做出改变但不知道如何改。或者这些有意识的自毁者根本不在意这一点，他们实在没有准备好去面对它并做出改变（顺便说一下，那些人可能不会读这本书）。

以利兹为例。她说："我注意到，当我的恋情、友情或任何一种关系进展得特别好时，我会试图破坏它，因为那样就没有人能伤害我了。我离开他们或和他们决裂。我以前从来不是那样的，但自从离了婚，我就开始这样做了。我曾让那个人进入我的生活和我的内心，但最终并没有得到好结果。我想我只是不想再经历这种事了。我感觉与人亲密真的太不值得了。"

或者如丽贝卡，一个年轻的单身母亲，她告诉我她跟一个男友分分合合纠缠了几年："这是一种完全不健康的关系。我知道这一点。"她也和别人约会，但每次她单身时，都会打电话给那个男人。"甚至在我拿起电话给他发短信之前，我都知道这么做是错的，我知道结局会很糟糕，然而无论如何我都会这样做。"

利兹和丽贝卡是两个典型的有意识的自毁者。她们知道自己所做的一切并没有好处，她们知道如果做出了不同的选择，就可能会得到真正想要的生活，然而她们正在有意识地做决定——做出那些无论如何都对她们没有好处的选择。

无意识的自毁者实际上并不知道他们的行为是在伤害自己，让自己更加远离想要得到的生活。这种行为在恋情中是很常见的，尤其在你习惯于不健康的、草草收场的伴侣关系的情况下（详见我在本章开头给出的例子）。你和一个在情感方面看起来很健康的人建立了关系，并且总的来讲，事情进展得很顺利。然后有一天，你发现自己在给前男友发短信，问他是否还需要他以前的辣妹组合的唱片，因为你发现了它并且，嘿——他想约你见面并顺便喝杯咖啡？你试图说服自己这没什么——我的意思是，他可能真的需要那张CD，而且那只是喝杯咖啡而已，对吧？你开始和你的新男友吵架，指出他做错的所有事情。你还没反应过来，他就和你分手了，一切都结束了。另外，当你看到你的前男友时，你会很快想起你们当初为什么会分手。然后你就是弄不明白为什么自己总在同一个地方跌倒。

换句话说，你可能正穿着你的高筒靴，把你的幸福和所有那些你真正想要的东西都踢走。你为此责备其他人或把它归咎于你自己的缺点，或者甚至声称是你的"叛逆个性"导致了这一切。但是事实上，在你的内心深处还有更多的东西。

我们这样做仅有几个原因。

一是要做真正能实现我们的目标的事情，无异于和脆弱一起跳艳舞。这可能行不通——我们可能达不到目标，我们可能会失败，我们可能会分手，人们可能会对我们说三道四；即便成功，人们还是会说三道四，或者对这种改变感到不舒服。在这件事上没有人能做出担保。可我了解你们，我亲爱的读者，你们都希望得到保证。我们沉溺于必然（彼此彼此）。但是放手并相信我们自己的难点在于，世界太可怕了，我们只是不能，也不要去做。

这叫人进退两难。我们要么待在原地并自毁（看起来很差劲），要么去追求我们想要的东西（也是又可怕又差劲）。我们倾向于选择最熟悉的选项：待在原地、走老路进而自毁。这看起来可能很疯狂（或者说极其愚蠢），但通常我们不喜欢改变——因为那令人紧张不安。如果保持不变，我们就能知道结果是什么，而且在某种奇怪的意义上，这会让我们更舒服（直到它不再这样为止）。

二是你就是不喜欢你自己。自我厌恶通常会导致一些行为，从而在你的内心中强化对自己的糟糕评价。换句话说，通常在潜意识层面，你在不断收集证据，证明自己不配拥有任何美好的东西，同时逐渐破坏掉别人可能会爱你的观念。一个恰当的例子：丽贝卡，那个年轻的女人，她知道前男友对她来说是有害的，可还是回到他身边。可以肯定地说，在内心深处，她对自己的评价并不高，所以选择一个好的男人会让她感觉不舒服，而且对她来说这种感觉似乎很陌生。她已经习惯了轻视自己，所以她会继续选择一个能使她确信这一信念的男人也就不足为奇了。也许你并不恨自己，在这种情况下你的自毁便是一个彻底的坏习惯。健身和饮食是普遍的例子。你知道你需要好好吃饭，多运动，你知道如何做，也许你甚至买了更多的蔬菜和一个榨汁机，你已经准备好了。但是蔬菜都放坏了，你也没有动过它（或者你只是习惯了拖延）。动力的缺乏会导致积极性的缺乏，打破这个习惯非常具有挑战性。很快你发现自己又开始吃垃圾食品了，你不明白为什么会这样。

## 如何解决它

那么，有什么补救办法呢？如果你是一个自毁者，我会帮你把步骤分解开，你需要做的就是采取这些措施停止这些行为，从此迈向一种极好的新生活。

**承认并讲出来**

看看过去那些你觉得自己摧毁了人生的时刻。人际关系、工作、健康和适应力以及金钱（是的，金钱）是最常见的领域。这一步对你确定暗地里到底发生了什么是很重要的。

问问你自己：我到底在逃避什么？例如，利兹可能是在逃避信任任何人，因为她在离婚时受到了伤害，然而她把这种不信任延伸到了友谊和恋情中。明知这样不好，丽贝卡还是给她的前男友发了短信，这也许是因为她在逃避关注自己人际关系中的问题。当她知道将有何结局时，她会拥有短暂迸发而出的、没有负担的乐趣，与面对一段新的关系带来的不确定性或者痛苦地剖析自己为何总是遇人不淑相比，这对于她来说更容易。

**开始着手做**

现在，列出两份清单。

1. 列出你真正想要的东西。不是"我想要一辆特斯拉汽车、更多的钱和一个帅气的男朋友"。毫无疑问你想要那些，但是，你真正想要的可能是赞赏、认可、自由、安宁、亲密和人际关系。继续深入下去，问自己更大的问题。因为说到底，我们想要的不是这些东西，而是会因此得到的感觉或经历。事情总是这样。对于你所有的辛勤工作和努力，你想要得到认可和褒奖是没有问题的。这个过程看起来就像一次升职。在一段健康的关系中，想要获得亲密感和联系感也是可以的。这一切都是你应得的。

2. 列出一张患得患失清单。例如，也许你想要的是一段健康的关系，然而深入想想，你发现自己想要的是亲密。你可能害怕自己真实的一面（比如，你不完美的人类私欲、缺点和所有一切）被人看穿。也许你在过去被拒绝过，或者你在童年时代经历过的精神创伤再度出现了；或者，升职和加薪（以及获得认可和赞赏）后，你觉得难以维持现状；或者，备受瞩目时你会感到紧张。弄清楚你到底害怕什么，会让你更接近并治愈它。不弄清楚是什么绊倒了你，你就不能解决它。

---

> 弄清楚你到底害怕什么，会让你更接近并治愈它。
>
> 不弄清楚是什么绊倒了你，你就不能解决它。

---

## 请求帮助

是的，又是那个讨厌的、脆弱的东西。这一步是向那些有幸听到你讲故事的人寻求帮助。我在这本书里特别强调了这个主题（详见第2章）。一旦开始认清自己真正害怕的东西（就让我帮你干掉它吧），你就会发现它与被关注息息相关。展现真实的自己，冒着被接受的风险……当然，也可能被拒绝。但是，我希望，你能够向某人诉说你的恐惧，承认你已经在＿＿＿＿＿＿（方面）自毁很久了。

如果让自毁成为心中的小秘密，它便会活跃在你的生活中并茁壮成长。一旦你把它拿出来放在宽敞的地方，用光照一照，它就会开始崩溃。你即使继续自毁，也很难再经历毁灭，而你现在已经拉了其他人进来，他们能够亲切地让你做出更好的决定。

**采取行动**

更具体地说就是，采取不完美、可怕却勇敢的行动。使用了上面的三个基本工具，你能很好地镇压自己的自毁行为，相信我。更深入地挖掘这个习惯，并告诉另一个值得相信的人（这件事你已经做完了），是很需要勇气的，所以这最后一步应该不会太可怕。然而，练习勇敢绝不是一帆风顺的，所以把它设想得混乱一点。你发现自己想要陷入一种自毁行为中，却反过来一头扎进那些不确定性中时（无论是与放弃升职相比，选择积极申请，还是与独自一人拿起大桶班杰利冰激凌大吃特吃相比，选择邀请新朋友出去逛逛），一些古怪的事情可能会发生。你可能得不到晋升，而你的新朋友可能有其他的计划。

在那时，你内心的自我批评可能会找出所有证据，证明为什么你不应该采取任何行动或向别人索取你想要的。但是，你要明白，重点是，你选择了鼓起勇气而不是顺从旧习惯。

或者，也许在致力于此时，你又不知不觉地回到了自毁的道路上。再说一遍，你内心的自我批评也同样如此。但是，所有这些都是过程，而不是最终结果。一次迈一步，一次处理一个习惯、一个决定和一种处境。

下一次意识到自己在自毁时，问问你自己："最终我没有选择鼓起勇气的话，会怎么样？要是将来我知道，虽然当时很恐惧，但自己本可以采取行动,我会原谅自己吗?"我们无法摆脱恐惧,但我们必定能克服它。

自毁虽然看似违反直觉,却意味着选择快速、简单、在有些时候甚至会很有趣的方法。与你在本书中读到的所有习惯一样,它永远不会带来你真正想要的结果,它永远无法代表你真正的心意,但是你已经如此习惯于那种特殊的行为,以至于它已经变成了你的第二天性。很多时候,直到从自己一手策划的生命爆炸中捡起自己的残骸,你才能意识到自己在自毁。

自毁是一张一次又一次将你送上自我厌恶之旅的单程票。不要让它困住你。你非常棒、非常聪明,有能力改变那种毁坏幸福的习惯。

## 问自己一些难题

- 如果你在自毁,你是有意识的还是无意识的?
- 深入挖掘,为什么你认为自己在自毁?
- 你真正想要的是什么?这里指的不是"某件东西",而是感觉和经验。
- 你到底害怕什么?
- 你能和谁分享这段经历?
- 你会选择何种不完美、可怕却勇敢的行动?

第 6 章

# 感觉像个骗子
## ——冒充者综合征

你是否曾经有过这样的经历：你完成了一件伟大的事情，并为之骄傲了 5 秒钟，然后就立刻怀疑，大家什么时候才会发现你有多无能呢？或者你会不会为发生在你身上的好事找借口？举个例子，你得到了晋升，却想："嗯，可能是高层施压，要求晋升一位女性，所以我才得到了这个职位。"

在《成功女性的秘密想法：为何成功人士会受困于冒充者综合征，以及如何克服它》（*The Secret Thoughts of Successful Women: Why Capable People Suffer from the Impostor Syndrome and How to Thrive in Spite of It*）这本书中，作者瓦莱丽·扬（Valerie Young）如下描述。

本质上，冒充者综合征指的是人们固执地相信自己缺乏智慧、技能或能力。他们确信别人的赞美和对他们成就的赞赏是言过其实的，并把自己的成就归功于机会、魔力、人际关系和其他外部因素。他们无力内化自己的成功，或无法感觉到自己的成功是应得的，他们不断地怀疑自己是否具有再现过去成就的能力。当他们取得成功时，他们感受到的是焦虑的减轻而不是喜悦。

每次与我谈论这个话题时，女士们都会产生共鸣，她们首先惊叹的是："我从来不知道它有个名字！"冒充者综合征是你内心的自我批评的一个特殊部分，它可能比你认为的还要常见。

以雷切尔为例。

> 我上了护理学校并且以优异的成绩毕业。可整整几年，我都觉得考试时自己肯定是碰巧猜对了答案，（那时）我真的不知道、不理解或不熟悉那些信息。现在我是急诊室的护士，而且认为自己是那里最不称职的护士。我知道自己很关心病人，但还是每天觉得我的同事和老板一定知道我是最差的护士。我为毕业而自豪，但我不觉得我应该为身为急诊室的护士而自豪，因为我并不认为我做得足够好，值得自豪。

许多女性感觉在工作中自己像一个骗子，但这种感觉不会仅止步于此。在恋情中她们同样觉得自己是个骗子，这对于女性来说是很典型的。凯伦说："我和男朋友在一起已经快 15 年了。虽然我知道他喜欢我，从不想让我离开，但我仍然担心，有一天他会醒来，怀疑他究竟为什么要跟我在一起，然后和我分手。至于友谊，我总是等着别人说他们只是在迁就我，因为他们早已意识到我有多可怜，只是不想让我感觉更糟，所以一直在假装是我的朋友。"

关于冒充者综合征，一件最让人震惊的事情是，女性并不知道它。她们不仅惊讶于它是"真实存在的",而且同样惊讶于其他女性也会像她们那样思考和感受。她们意识到女性普遍会自责,但她们很难接受身边那么多女性都觉得自己是个骗子。这使她们被蒙上了一层额外的孤独感。

## 它从何而来

毫无疑问,当我们到了某个年龄段时,所有碎片都会拼合在一起——因为我们弄清楚了自己的很多信念、习惯和行为是从哪里来的,以及我们的家庭对我们产生了何种影响。更不用提我们对父母、兄弟姐妹和老师对我们的看法的观感了。我不相信有人能毫发无损地度过童年期和青春期,即使他们在一个健康的家庭中长大,有一对好心好意的父母。我们大多数人的成长都带着一些瘀青和伤疤。

各种各样的经历最终会使你具有冒充者综合征。也许你的父母只注意到你有一门课得到了"B",而忽略其他课的成绩都是"A",或者他们刻意忽略你的成功,为了让你保持谦虚,不想把你培养成一个自视过高的孩子。或者你因为报名参加拼字比赛而受到表扬,即使你在第一轮比赛后就遭淘汰出局了,但你也觉得自己不值得被表扬。也许你有一个在学业上很努力的兄弟或姐妹,所以你的父母肯定不会过多夸奖你。或者,也许你的姐妹被贴上"聪明的孩子"的标签,你则是那个"滑稽的孩子",这使你觉得自己永远不会像她一样。

除了那些从童年起就开始孕育欺骗感的因素，可能你还工作在一个导致自我怀疑的环境中。也许你的同事基本都是男性，这让你感到需要加倍努力才能让自己的想法和观点得到倾听。或者你事业有成，颇受尊敬，人们对于你个人和你的事业都抱有很高的期望。

或者，上述这些都没发生在你身上。

如果真是这样，我几乎可以保证它来自我们的文化——一种极度轻视女性的成功和智慧的文化。所以即使你足够好、足够聪明、足够有经验、足够有资格，这些根深蒂固的核心假设还是会告诉你，作为一个女人，你拥有那些简直是荒谬的。我们认为这是不合常理的——我们可以是伟大、聪明、有成就的，不过伴随着那样的想法，我们基本不可能接受和信任自己。

换句话说，这在很大程度上不是你的错。但是改变这个习惯性的思维过程却取决于你，因为它就是，一个习惯性的思维过程！你绝对可以更改你是"一个骗子"的想法。

## 如何解决它

摆脱因冒充者综合征而产生的糟糕感觉与你内心的自我批评有很大关系，但当冒充者综合征起作用时，你的自我对话绝对更清楚。如果你读了对冒充者综合征的描述并且想着"是的，这是我！"就已经解决了第一步，知道自己在和什么做斗争了。

在认识到这讨厌的冒充者综合征之后，你可以采取几个看似很小（但实际上很重要）的步骤来帮助自己。致力其中的一个，你会看到转变。致力全部，你将看到很大的不同。

**面对真实**

首先，让我们假装一会儿。让我们像冒充者综合征对你说的那样，告诉自己你真的对自己正在做什么一无所知，事实上你在愚弄每个人，这是真的，其实你是一个大骗子，巨大的骗子。

好吧，认真想想我刚才说的话。那可是一项大工程。这是一桩巨大的抢劫案，就像去偷英国女王收藏的所有帽子之类的。你在假定被你愚弄的人们是彻头彻尾的傻瓜。他们是如此愚蠢，以至于甚至没有意识到你完全不称职。他们完全没有让你得到惩罚，而且继续让你滥竽充数。

我希望你明白，上述设想完全是不合理的，你可能至少要承认其中一些成就。通过给予周围的人一些信任，知道他们不太可能完全被你彻底愚弄，你会意识到自己实际上拥有一些无可非议的技能和专业知识。因为，听着：你确实拥有。

**注意你的语言**

接下来，注意你的语言。不，我不是要提醒你少说脏话（我喜欢说脏话）。我是在说当你谈及你的经验、技能和成功时，集中你的注意力。你用过"仅仅""只是""只"或"只不过"一类的词吗？如果是这样，你就是在逐渐摧毁你自己，除此之外，也让别人知道你怎样看待你的经验、技能和成功。这一小步实际上可能是相当大的一步。大声清楚地向别人表达自己，这样做不是为了别人好，而是为了你自己。我不是要你成为一个自大狂，每天 24 小时不间断地自吹自擂，或贪天之功为己有。我是在要求你注意这样的陈述："我只不过为公司创建了一个新系统以增加收益，因此今年我们的赢利增加了 43%。"不，这样不行。放上"只不过"这个词，听起来就像任何傻瓜都能做到。把它改为"我为公司创建了一个新系统以增加收益，这使我们今年的赢利增加了 43%。"如果你还能加上"你觉得这些苹果味道怎么样"，那效果就更好了（当然了，我只是在开玩笑）。

> 大声清楚地向别人表达自己，这样做不是为了别人好，而是为了你自己。

换句话说，真正大声地承认你所做过和完成的事情。你内心的自我批评可能会发疯，大声叫喊"红色警戒"，告诉你一些像是"保持谦虚——没有人想听别人吹牛"的话。如果这些发生了，很好！第一，你要学会倾听喋喋不休的内心自我批评；第二，你离改变你坚持了几十年的想法、信念和模式更近了一步；第三，倾听你内心的自我批评，感谢它把自己必须说的告诉了你，然后继续前行。允许自己使用那些不贬低你且不会让你自认渺小的语言。你可以为自己的努力、工作和你自己负责。请获取自己的力量！

**接受正面反馈**

下面这件事对你来说可能很痛苦。我猜想，收到正面反馈时，你会采取下面的一种（或者全部）做法：要么把它归因于你从别人那里得到的帮助（即使是很小的帮助），通过回想自己过去犯的错误（借此将它抵消掉），完全无视它；要么回到最初的想法，好奇他们何时才会发现你只是一个骗子。

关于正面反馈，我想让你考虑两件事。

1. 要是你不无视它，而是听取正面反馈并将对方视为真诚的人，会怎么样呢？要是他们实际上告诉你的是他们对你和你的工作的真实看法呢？要是他们没骗你呢？

我希望你在收到正面反馈后试着停顿一下。在生活中的很多时候，当我们本能地想要做或说一些让我们感觉糟糕的事情时，停顿是一个非常重要的工具。停顿可能是一场与你内心自我批评的巷战，完成它需要用到大量的踢打和尖叫，你需要在那种不舒服的处境中坐一会儿。接纳反馈的表面意义，而不是评判它或轻视它，要客观地看待它。

2. 要是你仔细倾听称赞的内容，并因它实际上的意义（某个人送给你的礼物）而接受它，会怎么样？

如果那个人给了你一件真实的礼物（精心挑选并用蝴蝶结包装好，而且里面甚至有一张手写的祝福卡片），你肯定不会把它拆开，然后扔回对方脸上吧？你不会把它摔在地上，然后唐突地离开，对吗？你不会的，因为你不是个混蛋。

那么，当有人对你表示欣赏、赞扬或认可你的努力时，你为什么要这样做呢？为什么别人可以接受那个礼物，但你不行？最重要的是，我想让你试着接受。这些礼物是你应得的。你确实为它们付出了努力。实际上，你身边的人并没有联手编造对你的欣赏和赞扬。如果他们赞扬了你，请相信他们。

冒充者内心的混乱部分是由完美主义引起的，而完美主义意味着，你害怕自己不知道所有的事情。因此，你会被评判、批评和拒绝。

从本质上来说，想要变得完美和成为绝对的专家似乎是处理冒充者综合征的唯一办法。这个信念是：如果我无所不知，做事完美无缺，并且从不犯错误，人们就没有理由认为我是个骗子了。

这一信念中最明显的问题是，没有人无所不知，做事完美无缺。我不是第一个这样告诉你的人（我确定你已经听过几百万次了），但在你的内心深处，你仍然在以一种不可能实现的标准约束自己。

让我把话说得明白一点。不管获得多少学位、证书或奖项，你总会有一些不知道的东西。不管经历过多少次实践、训练和经验，你仍然会有一些不知道的东西。你仍然会犯错（而且我希望你犯错，因为那就是你学习的方式——犯错误，而不是一直做对所有事情），而且（直到临终之时）你总会有一些不知道的东西。

> 你总会有一些不知道的东西。

犯错并不代表，也不意味着你就是个骗子。不完美并不意味着你就是一个骗子。这就意味着你和我们一样也是人。大多数情况下，你都在尽自己最大的努力，在生活中磕磕绊绊，你做对了很多事，也做错了一些事，就像其他人一样。事实上，如果你读这本书是为了提升自己，获得更多幸福，我会说你真的太棒了！

## 注意你身边的人

要完成这个练习，你需要盘点自己与谁共度时光了。在纸上或你的日记里写下那些名字，然后，仔细思考，写下那些人带给你的感受。你可能听人说过，你完全可以对自己的感受负责，如果别人说的话让你感觉不好，这是你的问题，不是他们的。通常来说是这样的，但也有一些人，简单来说，就是不想让你高兴。也许是爱挑剔的父母、喜欢比惨的同事，或爱倒苦水的朋友。与他们交流后，你总会感到不开心。

这些情况可以促成一种弥散的不幸福感，会使你听见低自尊长号悲歌，让你感觉自己像个骗子。

你周围的能量会对你产生极大的影响。置身于消极的能量之中时，为了让自我感觉良好，你面临着一场大型的艰苦战斗。在同一张纸上，回答这些关于周围环境的问题。

- 你在哪里可以让自己更容易做到这一点？
- 你需要在哪里设置边界？
- 你需要在哪里缩短与个别人相处的时间？

把你认为对自己最有帮助的地方写下来，并采取行动。

**评估期望和成就**

在人生的某个阶段，你可能有意或无意地（详见第8章）为自己设定了期望，却没有把成就完全归功于自己。以下练习将会有帮助。你可以随意坐着，把它们记下来。

1. 问自己一个问题：目标设在哪里？把它写下来，或者列出你在生活的不同领域中对自己的期望，并对自己完全诚实。完成后，把这份清单读出来。你可能把目标设置得过高，根本碰不到它。也许因为你参考了别人的目标，而他们比你有更多的时间、经验或受过更多训练，然后你觉得自己也必须跟上，或者你只是编造了一个关于你需要成为什么样的人和需要做什么事的故事，除了你自己制定的标准之外，这个故事没有任何实际依据。即便奇迹般地到达了目的地（而在此过程中，你差点被杀死了），你也没有祝贺自己，反而反复吹毛求疵，认为自己本可以把它完成得更好，或是迅速前进，从来不停下来祝贺自己。

由于目标设置得过高，当然，你必然无法达到标准，所以你觉得自己不是"人们中的一员"，并且担心别人会发现这一点，也就不足为奇了。有了这么高的期望，你当然赢不了。你每次都认定失败的原因在于自己。

你可能会想："如果降低了期望，我就是一个懒鬼。低标准是给懒惰的失败者的。"

姐妹们，钟摆不必完全摆动到另一边。[①] 你不必把这些笔记都扔到空中，大声叫喊"去他妈的"，然后放弃一切。你可以折中处理。

2. 下一步，弄清楚为什么你觉得自己是个骗子。在同一张纸上，完成这个句子：我觉得自己像个骗子，因为……

可能是因为你认为自己没有足够的经验或资格，或者你是新人，或者仅用"因为我不够好"来完成这个句子。

降低你的标准意味着你试着接受这个想法：拥有学士学位就够了，并不一定非要获得硕士学位；或者即使你是部门里唯一的女性，你做得也已经够好了；或者你并不需要为了让朋友喜欢自己，而照他们说的减掉四五公斤体重。要挑战那些过高的标准你需要意识到自己脑中想的是什么，并挑战那些信念。你很可能不相信新标准是正确的，但你正在努力尝试。

---

> 要挑战那些过高的标准你需要意识到自己脑中想的是什么，并挑战那些信念。

---

[①] 喻指不必走极端。——编者注

3. 记得在第 4 章里我对你说过要亲近你的成就吗？如果你还没有做，现在就去做。回去读那个部分。我会等你的。

以下是可能发生的情况。列了这个清单后，你可能会把它读给自己听，然后想"嗯，我能上大学只是因为系统出了个小故障"或者"我生了一对双胞胎，但是其他成千上万的女性也生过双胞胎"。当你想找个借口说明你的成就是基于运气、意外或任何东西，而不是你自己的经验、努力或技能时，我希望你能写下这样的句子。

我考上大学是因为我够格。

我获得了晋升是因为我是这个部门经验最丰富、最有头脑的人。

冒充者综合征有能力把你封印在微缩版的自己中。你早就注定了会得到更大更好的东西。你早就注定了要放弃那些老旧、陈腐，叫嚷着"依靠自己的力量不是好事"的信念。那些信念就只是——信念，它们在你脑海中编造故事。但你已经超越了它们！请你承认，承认它们对你没有好处，并放弃它们。

**问自己一些难题**

- 如果你觉得自己有冒充者综合征，对此你的秘密想法是什么？换句话说，你内心的自我批评具体说了些什么？
- 你为何觉得自己是一个骗子？

- 你是否为自己设定了过高的标准？如果是的话，你可以把哪方面的标准降低一些？
- 你在何处会获得成就？有哪些你确信可以引以为傲，却一直被你忽略不计的事？

第 7 章

# 马戏表演
## ——取悦别人和寻求认可

如果你同意，我将继续谈谈关于取悦别人的事。或者你更希望我谈谈另一个话题吗？对不起，当然……让我稍微准备一下……

意识到我刚刚就是在取悦你了吗？

取悦他人者通常是很好的人。他们希望身边的每一个人都快乐，所以他们更容易为了别人的事四处奔走——制订所有的规划，帮助别人，总是一个人承担全部事情。取悦他人者最大的习惯之一是明明想说"不"，却会说"是"。他们担心如果说"不"，会被人们指责、拒绝，而且失去人们的喜爱。

令人惊讶（但又千真万确）的是，比起如实说出自己的真实感受，大多数人宁愿说谎。只要对方得到了想要的东西，快乐起来，取悦他人者就完成了自己的工作。

也许你到了这样一种人生阶段，你拒绝为了不值得的人劳心劳力，同时取悦别人的想法让你想吐。可能你不认为自己是一个货真价实的"取悦他人者"，事实也确实如此。然而，多年来，我在与许多女性交谈和提供帮助的过程中发现，在很多时候女性确实在寻求别人的认可，即使她们没有察觉到。

换句话说，并不是所有寻求认可者都是取悦他人者，但大多数取悦他人者都是寻求认可者。我把"取悦别人"和"寻求认可"放在一起，是因为两者有很多重叠的部分。所以，即便你不认为自己在努力取悦别人，也请继续读下去。

寻求认可看起来可能是这样：你做任何事情时都会用别人的看法衡量一下。即使没有人注意或在意，寻求认可者也会不断地担心别人的想法。他们的自信、自尊，甚至情绪都取决于自己脑中的"别人的看法"。大多数时候，他们并不知道别人的真实看法，所以不得不凭空想象。他们始终生活在一种不确定的状态中，因此最终会去取悦别人。因为寻求认可者如果能做些让别人开心的事情（比如一直说"是"），就更可能得到认同。艾丽西亚——一位29岁的金融分析师解释道："我在生活中的方方面面都寻求他人的认可，我看待事情的习惯太过主观，并且发现自己经常因在别人眼中不够完美而受到伤害——因此我在自己眼中也是。我想为我自己和我的成就感到自豪，不依赖于任何人的想法或评论，但我似乎无法做到。"

## 它来自哪里

如果你像大多数在这个世界上长大的女性一样，就会知道"做一个好女孩"是外界对你的要求的一部分。作为一个家长，我可以保证，没有人会打算把孩子抚养成一个混蛋，所以作为父母，我们当然希望自己的孩子对人友好和仁慈。但是，我们大多从小就被教导不要过于大声地说出自己的意见，不要让别人感到不舒服,并且要确保让我们关心的人快乐。所有这些都是为了确保我们完全被别人喜欢,能取悦他人,得到他们的认可。

一些女性可以精准地找出这些行为的童年开端,以及她们小时候认为自己的行为决定了父母的幸福。34岁的杰西卡是两个孩子的妈妈,她有如下描述。

> 我从小不断努力实现我母亲的高标准。我努力了一次又一次……偶尔我做得很好,能得到她的认可。我仍然每天给她打电话,向她汇报一天的生活,等待她告诉我,我表现得很好或做出了正确的决定。最近的日子里,我将马上做出新的决定,包括换一个新工作,这会让我的薪水锐减,而我母亲对此的真实反应是,如果我赚的钱没有她多,就不再是她"最大的成就"了。

在成长过程中,当父母或导师把对你的期望告诉你时,可能会非常严肃认真,或者开着玩笑,又或是发表一些微妙的评论。无论是哪种方式,你都可以回顾过去,看看你取悦别人或寻求认可的天性来自何方。这样做不是为了让你轻蔑地指责他们,而是让你看到它创造的模式和信念,然后挑战那些"取悦他人才能被喜欢、被爱以及被接纳"的信念。

## 如何解决它

虽然取悦他人和寻求认可可能是你的习惯，而且你一直在磨炼它，但你并非无力改变它们。你，是一个读着这本书的了不起的人，一个聪明能干的女人，而且我知道你可以创造、实践你的幸福新习惯。让我们开始吧，好吗？

### 这是他们的，不是你的

在我的上一本书《幸福生活的52种方式》(*52 Ways to Live a Kick-Ass Life*)中，我就如何真实地说"不"这一问题向取悦他人者提出了建议，首先我想谈一谈在涉及说"不"时大部分人都有的最大心病，并向这个建议添些新东西。你们不会说不，因为担心着这些事情——如果你说不，别人会如何看待你。对方会生气吗？与对方的感情会受到伤害吗？他们不再喜欢你了吗？他们会认为你是个坏人吗？当你考虑说"不"时，有如此之多的事情涌现在你的脑海中——这些事情让你感觉害怕极了，所以你反而会说"是"，只是为了避免那些"假设"。

解决方法是我的治疗师不得不提醒我1473次的事情：你不必为别人的感情负责。在你以一种引以为傲的方式指挥自己时，他们的感情就是他们自己的，而且到头来，你也无法控制他们。

---
你不必为别人的感情负责。
---

在我自己的生活中，我仍旧不想让人感到难过。亲爱的读者，我不想让你感到难过，而且很可能我们从未见过面。我希望我最在乎的人喜欢我，感到快乐，而且一定不要为我做过的一些事情生我的气。所以我那样做了，但是在我自己的工作中，我从放弃为别人的感情负责之中找到了如此多的自由、安宁和力量。

你完全有能力获得那种自由、安宁和力量。举个例子，我的朋友艾米从小生长在一个非常保守的基督徒家庭里。她的父母都是传教士，艾米的童年是围绕着她的宗教生活度过的。当她成年，并怀疑她的家庭信仰时，她的家人没有很好地接受这件事。艾米做了很多工作来说服自己，即她不需要父母认可她的新信仰。

一天，艾米的母亲正在告诉她，对于艾米改变宗教信仰一事，她感到多么失望。她的母亲很可能失望，因为她认为这件事很重要。她可能认为身为母亲自己有失败之处，并且也许她正感到悲伤。但是你知道吗？虽然她母亲的感情是有根据的，但这与艾米无关。这是她母亲的感情。艾米继续遵循她从小信仰的宗教是她母亲的愿望和梦想。如果艾米想为她母亲的感情负责，她可以假装自己有着和以前一样的信仰，也许还会与她母亲一起去做礼拜。而那样做就是取悦他人和寻求认可。

有一天，在听妈妈说自己有多么失望之后，艾米回答说："妈妈，我不需要你认可我的精神信仰或认可我，因为我认可我自己。"

当艾米告诉她妈妈自己不需要她的认可时，她妈妈的感情很可能受到了伤害。但是艾米没有大喊大叫，她也没有因为她妈妈仍旧有自己的信仰而指责她"错"了；她没有通过转换话题来回避这个问题。艾米优雅而亲切地指挥自己，并勇敢地维护自己的权利。换句话说，她不再为她母亲的感情负责了。艾米如下描述。

> 作为一个恢复中的取悦他人者，现在，我可以立即发现一个引起内疚的差错，不管其价值如何，我不再纯粹出于内疚或义务而对一些事情说"是"了。我能够理解在每一种情况下我的职责是什么，并且能为我自己做出强有力的选择，即使我母亲（或任何人）并不认可。虽然在我看来，和别人发生争执从来就不是一件有趣的事，但对自己产生自豪而又自信的感觉让这件事变得值得。潜意识会告诉我，我想要什么，我想感受到什么，以及我想要相信什么才重要。

当然，你可能会认为自己永远也不会像艾米那样，对自己的母亲或其他人说那样的话。但请相信我，艾米花了很长时间才做到真正地认可自己，并且有勇气告诉母亲自己的感觉。这一成长需要几年的时间。当那个话题不可避免地出现时，她清楚地知道自己要说什么。你如果不能准确地做到艾米所做的，可以从别的地方开始。我建议你从小处做起，因为你的幸福取决于它。本章结尾的问题是一个很好的入手点。

## 别往心里去

我发现取悦他人者和寻求认可者很容易认为别人在针对自己。家长会上另一位妈妈冷淡的眼神、伴侣消极或具攻击性的评价和老板发来的一点点反馈，都能让他们开始怀疑：你在生我的气吗？她厌恶我吗？我做错了什么？同时他们可能听过这样的建议："别往心里去。"你在那些可爱的品趣志表情包上看到这句话，并且进行了一场"别往心里去"的改革运动。听起来不错，不是吗？唷！你可以很容易地放弃取悦他人和寻求认可的习惯，对吗？

那些表情包告诉你的是，如果你认为别人的言语和行动都是冲着自己来的，就很容易使自己陷入受害者的角色，浪费你的生命去追求别人的认可，而当没有得到别人的认可时，你通常就会编造出有关自己的一切。

但是，有时人们会非黑即白地理解这一观点：要么完全不当回事，让事情轻松地进行，让自己感受到自由和美好；要么太当回事，生活在充满地狱之火和硫黄①的诅咒世界中，在这里我们都是受害者，同时也在折磨他人。是的，那是一个过于极端的解读方式，但有时候这种自助方式会让你觉得自己做的一切都错了。

听到一些小建议（如"别往心里去"）以后，我们反而认为别人是在针对我们（因为我们是凡人，我们的大脑能够迅速地编出故事——这是经过科学验证的），我们觉得自己做的都是错误

---

① 出自《圣经》，喻指上帝的愤怒和惩罚。——编者注

的，并把责任完全揽到自己身上。当然了，我不是说必须把责任100%地放在其他人身上，但以这样一种极端的观点来看待这个问题会导致我们自责。

这个建议也强化了这样一种观点：当别人伤害你时，不是他们说的话伤害了你，而是让你痛苦的旧伤口再次被剐蹭到了。那么哪个更有价值呢？我确实认为重要的是弄清楚触发事件是什么，这样才能知道哪些是真正的原因，哪些不是（提示：通常原因在我们身上）。但我想澄清的是，它并不是一份同意书——允许别人对你说任何他们想说的，做任何想做的，却转过身来责怪自己是"被旧伤所触发"。

我认为，无视别人对你说的、做的会让你不开心的事情，不把它们放在心上，是不切实际的。有人（或者说蠢蛋）侮辱我们时，我们应该认为："哼。他们是蠢货！那些都不是真的。我要做我自己的事，脸上保持着微笑，不去想这件事。"

没有人生活在那样的世界里。但是有人如果这样做了，一定是吃了什么灵丹妙药。

严肃地说，我确实认为有些人能做到这一点。这些人都有着深邃的精神，并与自己的理想世界紧密相连，为自己而呼吸，为自己而活，并且一直都在这样实践着。然而，我知道很多阅读这篇文章的人可能在努力定期放弃这些部分，所以在这里我想把它分解一下，并进一步解释这个概念将如何帮助到你。

堂·米格尔·路易兹（Don Miguel Ruiz），《四个约定》(*The Four Agreements*) 一书的作者，曾详细地说过："我们会认为事情是冲我们来的，因为这是一种习惯。不再这样想并不意味着你对此没反应或不会采取行动。只是当你采取行动时，你的头脑明晰，真正知道自己想要什么。反之，你会做你不想做的事情，说你不想说的话，因为情绪在控制着你。头脑明晰时，你更容易做出选择。"

我很喜欢他的解释。我想补充一点，我们会计较这些，仅仅因为我们是凡人，并且，他是对的——这是一种习惯。但我们可以不被那些东西毁掉，可以不让它们在我们脑海中胡说八道。对于第 1 章的内心自我批评，我有很多话要说。不断地计较这些时，我们就给内心的自我批评提供了燃料和"证据"。

作为一个取悦他人者或寻求认可者，你必须熟悉自身的问题。不然，你就会先尝试出卖灵魂以获得每个人的认可，接着为了不让自己计较他人的意见和看法而四处奔波。这是一个恶性循环，直到你知道该处理什么问题时才会结束。例如，你可能会在别人是否立即回复你的信息、电子邮件或电话等事上很敏感。如果他们没有这样做，你会觉得他们对你有意见，进而假定他们在生你的气，困扰于自己做错了什么，最终你决定生他们的气。当然，与人交往是有社交礼节的，但要注意哪些事情是你比较敏感的。你有权利敏感，而且我认为，很多人都应该接受自己的柔软之处，在此我想强调的是，你应该弄清楚哪些事物更容易让你不开心。

**边界比比皆是**

不探讨边界这个话题的话，本书可能都不会诞生。在许多时候，边界往往会让人既困惑又恐惧。也许这是因为人们对它们有一些误解。边界的名声不太好，因为人们认为，往往是"刻薄的人"才会设置边界，然而在现实生活中，设置边界的人往往是最善良、最快乐的人。可惜悲剧重演，作为女性，我们往往会认为如果自己设定界限，人们将不会喜欢我们。

让我先告诉你什么不是边界：边界不是有侵略性的对抗，并不意味争辩或好斗，也不是最后通牒和威胁。我过去相信，为了设置边界，人必须保持低调，变得有点（很）吝啬，向别人摇摇手指，告诉他们你不好惹。

好吧，事实证明，那根本不是边界。简单来说，它指的是，你认定的生活中可接受的和不可接受的事物。这有点像你生活中的规则和指导方针。我想你可能把它视为"让每个人都知道我不会接手他们的烂摊子"。不管怎样，让别人知晓你的边界是至关重要的。我马上会谈到这一点。

下面是一个关于边界设置的示例。一位女同行一再求我帮忙。可我不愿意帮，所以第一次时我说了"不"，并告诉她原因。而她第二次来找我时，我的直觉立刻告诉我说"不"，但我的理智却在想，"如果我这次也拒绝了，她会认为我是个坏人的"。我能找到好几个合乎逻辑的理由拒绝她，但最重要的是，我的直觉叫我这么做。同样，我必须自省一下。我自以为是吗？不。我是不是很懒？不。我强烈地感觉到，说"是"并不是一件正确的事。

当我坐在电脑前冥思苦想怎么回答她时，我拼命地想理由，为了确保自己拒绝她时，她的感情不会受到伤害（基本上是对她撒谎）；为了让她感觉舒服；为了确保她仍然喜欢我；为了不跟她翻脸，等等。

可结果呢？我直接回复了她的电子邮件并跟她说不。没做任何辩解。这并不容易；事实上，我甚至可以说这对我来说是具革命性的。

令我吃惊的是，她回复了我，问我为什么说不。我觉得这个女人并不习惯听到拒绝，我这样做反而促使她要求我做出解释。（补充一点，她在我心目中并不算是个"朋友"。我们只因公事交流过一次，此外发过几封电子邮件给对方。）

当她要求我解释自己为何拒绝时，我面临以下4个选择。

1. 回答她的问题并告诉她真相。真相可能会伤害她的感情，而且在我的内心深处，我不想也不必这样做。

2. 回答她的问题并撒谎。我可以编造一些说"不"的理由来保护她的自尊心。

3. 坚定地认为我不需要向她解释。我没有亏欠她任何东西，拒绝可以只是拒绝。

4. 退后一步，只是帮她个忙，这样就不需要向她解释，并且让她感觉高兴和舒适。然而，那会违背我的直觉，让我想用叉子戳自己。

我选择了"3. 坚定地认为我不需要向她解释"。这并不容易。所有这些选择都令人不舒服。但是，从某种程度上讲，边界便意味着能够说"不"，并且只说一个"不"。不需要解释自己。不需要对那个人的感情负责，无论他们生气于我们没有给他们想要的东西，还是恼怒于我们没有给出一个理由，或者震惊于我们不愿意让他们高兴。设置边界意味着不必负起让他人舒适的责任。

> 从某种程度上讲，边界便意味着能够说"不"，并且只说一个"不"。

如果有人质问你："你说'不'是什么意思？"那么你可以说："不就是不。"

明确地说，我并不期待你说完"不就是不"后如释重负，感觉良好。说"不"会很不舒服。你需要大量的练习和努力，以及时不时置身于你并不习惯的烦恼和痛苦中。

以下是我想澄清的问题。我想很多时候人们会选择拖延，直到事情变得糟糕无比，到那时他们厌倦了逆来顺受，所以会爆发、大喊大叫并提出要求，然而这对任何人都没有帮助。遭受攻击时，没有人愿意倾听和让步。健康的边界是经过深思熟虑的、有意识的、以一种友好的方式划定的。

> 遭受攻击时，没有人愿意倾听和让步。健康的边界是经过深思熟虑的、有意识的、以一种友好的方式划定的。

我已经数不清和别人进行过多少次这样的交谈了（在我自己的生活中也是如此）：他们对别人的行为感到愤怒，可当我问"你告诉他们你不希望他们再这样做了吗"时，他们沉默了很长时间后回答说，"嗯，没有。我只是觉得我不能那么说"。然后他们继续告诉我，他们完全知道状况会变得如何（糟糕），那样不值得。还有指责、借口等一系列废话。

首先，别人如果不知道自己的所作所为对你造成了困扰，是不会做出改变的。这一整套"读心术"是不存在的，所以我们真的需要进行那些艰难但必要的对话。其次，你不能对某个人生气，如果你从来没有告诉过他们这困扰了你。请不要说"他们应该知道"，因为，我再说一遍，这一整套"读心术"是不存在的。试想一下对象是你——别人认为你应该知道他们想要什么和不想要什么，你会怎么想？

取悦他人者和寻求认可者倾向于不设置边界，这里面有很多原因，其中包括不想显得"恶毒"或"不近人情"。他们宁愿继续感觉不舒服，时不时愤怒，充满怨恨和痛苦，而不是展开富有挑战性的对话。有时候，在内心深处，他们并不觉得自己的需要和渴望是值得表达的。

第7章 马戏表演

让我们现在做一些不同寻常的事情吧。在你的生活中你的渴望和需要与你身边人的一样重要。到此为止。你很重要。请设置边界强调一下。同时，边界不仅是重要的而且是必要的。设置边界对于建立健康的关系很必要，对于鼓起自信很必要，对于尊重自己很必要，对于保护你的幸福很必要。因为我知道，你也知道，作为一个习惯性的取悦他人者和寻求认可者，你没有尊重你最好的一面。

## 如何划定界限

好吧，实际上要如何进行这些对话呢？大纲又是什么样的？我会举一个例子来详细说明这个过程。假设你的老板坏透了，因为他给你布置了工作，却不给你足够的时间完成。你也能完成它们，只是必须工作到很晚，而且在周末时要把工作带回家完成。他不断地给你这些项目是因为，好吧，是因为你一直没有拒绝。但是你觉得自己的怨恨和愤怒越来越多，不停地向你的伴侣抱怨，而且因为这一点，每天早上你都极度害怕去上班。

步骤1：和你老板的谈话可以而且应该从感激开始。试着告诉老板对于他相信你能在如此短的时间内完成这些项目，你是多么感激。你很荣幸他乐于和你一起完成这些工作。这不是溜须拍马或说假话——它意味着以一种亲切、充满爱的方式来建立对话，由此接收者更有可能感到舒适并乐于倾听。

步骤 2：谈谈你的感受。让他知道那些工作量对你产生了怎样的负面影响。

步骤 3：要求你所需要的东西。向你的老板提出你的诉求，并且要直截了当。不要说："我希望你能减轻我的工作量。"那对你的老板没有多大帮助。确切地告诉他你要求做出什么改变。"当你将一个大项目交给我时，我至少需要两周的时间来完成而不是一周，而且我需要凯伦花 20 个小时帮助我。这样可以吗？"

对谈判持开放态度，但要小心。作为一个取悦他人者和寻求认可者，你可能倾向于扭曲边界。这方面或许有协商的余地，要具体情况具体分析，好好留意自己的直觉。

我举的例子很普遍。如果你和老板关系很好，那么这可能比与和你有私人关系的人交谈要容易得多。如果对象换成了你的父母、伴侣、朋友或者某个和你更亲密的人，会怎么样？这个对话可以如下展开。

1. 你（我）们之间出了些大事。
2. 有件事一直困扰我，让我不开心，它是这样影响我的。
3. 有件事我再也不能容忍了（讲讲细节）。
4. 我希望你能做出这样的改变（同样，讲讲细节）。
5. 如果越界了，可能会发生这些事。

划定界限（或具体来讲，进行任何艰难的谈话）最困难的事情之一，是不要执着于结果。要是谈话结束后对方这么说，那就太好了："天啊，是的！我很抱歉我的行为一直令你心烦。是的，我会改变，没问题。谢谢你让我知道。我很高兴我们有这样的谈话。让我们拥抱一下吧！"

当然，结果并不总是这样，这就是为什么我们通常不会优先考虑进行这些对话。但是我要让你知道，因为事实上你在为你想要的一切而战。你，杰出的习惯性取悦他人者（寻求认同者），告诉某个人你的感受并要求对方做出改变。对，是你！他们如何反应取决于他们。如果他们反驳，说"不"，或者表现得像个混蛋，要小心你的内心批评家——它可能会告诉你，你本不该开始这段谈话，你是刻薄的，或者一些别的胡言乱语。这正是我鼓励你提前为这个对话做好准备，并明确自身诉求的原因。这样你就可以做到尽量自信了。如果你对表达自己的感情、渴望和需求感到自豪，不管结果如何，你都是胜利者。

在你生命的最后时刻，你不会说："我违背了自己的意愿而让其他人快乐，同时过于担心别人对我的看法，对此我感到很高兴。"取悦他人和寻求认可并不会让你更快乐。这是你的生活。没有反悔的机会——这就是生活！

## 问自己一些难题

- 如果你是一个寻求认可者或取悦他人者,你认为自己为什么会这样做?
- 如果停止取悦他人或寻求别人的认可,你担心会发生什么?
- 在什么情况下,或是和谁在一起时,你觉得自己要对别人的情感负责?
- 你觉得自己把大部分事情当成对你个人的攻击了吗?怎么做才能改正这一点呢?
- 你需要设置什么边界?(列出它们)。关于它们,你愿意和哪些人对话?

第 8 章

# 完美主义的监狱
## ——最厉害的自我毁灭

> 然而，这些完美的女孩还是觉得自己总是可以减去两三公斤……我们是有着焦虑症的女孩，我们的生活被各种工作记事簿、五年计划填满……我们为尽可能少睡一会儿而自豪。我们喝咖啡，喝很多咖啡……我们是女权主义者的女儿，她们说："你可以做任何事。"
>
> 而我们听到的却是："你必须做好一切。"
>
> ——考特尼·E. 马丁（Courtney E. Martin）
> 《完美的女孩，饥饿的女儿》（*PERFECT GIRLS, STARVING DAUGHTERS*）

完美主义是另一种会被女性当成荣誉徽章佩戴在身上的习惯。她们认为，追求完美和追求成功、卓越及进步是一样的。对她们来说，自己别无选择。我要坦率地告诉你：完美主义会毁了你。是的，我有些夸张了，但完美主义是妨碍你过上优质生活的最常见的习惯之一，所以让我们深入挖掘一下。

完美主义做出了这样具有吸引力和诱惑力的承诺：我们如果看起来完美并完美地表现自己，就可以避免被抛弃的痛苦，或是避免"比不上"别人，因此也避免了一种最痛苦的感觉——羞耻感。在这本书的引言中，我解释说，我遇到的大多数女性未必会感觉到自己生活在羞耻之中，但这种羞耻感实际上操纵着她们的生活，它影响着她们每天所做的选择。完美主义是那些令人费解的习惯之一，它允许羞耻感束缚我们，控制我们的行为，而最终让我们感觉很糟糕。

我认识的被完美主义紧紧束缚的女性，似乎都生活在极度恐惧之中，但她们骗过了每个人，所以你也不会知道她们实际过着怎样的生活。身为一个曾经的完美主义成瘾者，我可以很自信地说，过去在生命中的某些时刻，我宁愿死也不愿让人们看到我的缺陷和可怕的不完美之处，我相信人们对我的看法是评判我是什么样的人和我是否有价值存在的根本标准。

当我14岁，即将升入高中一年级时，我决定参加网球队的选拔赛。我以前从来没有在校队里打过球（除非你算上七年级时的保龄球俱乐部），但这似乎是一个毫不稀奇的选择，因为我实际上是在网球场长大的。我从3岁起就开始玩了——要么是在上课，要么是在接受爸爸的指导。在整个童年时代，我一直和网球形影不离。

那个炎热的夏天，爸爸带我来到赛场上。紧紧抓住球拍时，我紧张极了，我透过铁丝网观察其他女孩打球。有些球员的技术水平跟我差不多，但这种关注甚至没有超过一秒钟。我观察着那些比我强的球员。我的头脑被这样的想法淹没：如果我输了怎么办？如果我在众人面前失败了怎么办？我的父母会怎么想？大家会怎么想？

我陷入了焦虑，浑身无力。我无法打开大门，加入他们。几分钟的恐慌之后，我转过身，找到了一个付费电话亭，然后打电话给爸爸让他回来把我接走。那天我放弃了网球，我花了20年的时间才重新回到球场上。

那天的放弃是我最遗憾的事之一。这听起来可能不是什么大事，但网球对我来说就像家一样。完美主义、对失败的恐惧以及对别人看法的恐惧，使我做出了一个让我之后感到懊悔的重大决定。那天我宁可完全放弃，也不愿冒着不完美的风险去比赛。

## 它来自哪里

有些女性，如拉内，成长于一个完美主义过度泛滥的家庭。

> 在我的家庭里，完美主义是理所当然的。我的祖母喜欢洗地毯，而她洗过之后，就不允许我们踩地毯了。我妈妈也继承了这一完美主义倾向。爸爸期待我能不断地拿到A，任何低于A的成绩都会让他失望。我拼了命地学习，在我高中的第三个学年结束后毕业，又在我17岁生日后的一个月开始上大学。
>
> 作为一个成年人，我觉得招待客人时，我的房子必须完美无瑕。我发现我会拒绝孩子们带朋友回家玩的请求，即便答应了（在家招待别人），在他们来之

前,我也会做一次疯狂的、应急的大扫除。

很明显,拉内继承了一项名为"完美主义"的遗产。像她这样的家庭传递出来的信息很明确:要完美,否则你就不够好,我们也不会接受你。任何不高于平均值的成果都不会被接受。但也许你的家庭是不一样的。也许你从不觉得自己得到过所需的爱和关注,所以你的完美主义源于对别人的认可的需求,并持有这样一种信念:如果我是完美的,人们就会爱我,并且接受我。

或者你有一个十分优秀的兄弟姐妹,这让你觉得自己从来都不够好。所以现在你仍在试图达到某些不存在的标准。

我并非来自一个对成就有超高要求的家庭。我的父母很高兴我想参加网球队选拔赛,但是我没有受到强迫。我是一个中等生,从来没有在父母那里感受到成绩必须拿 A 的压力。然而,回顾过去,我相信我是美国文化的受害者。我是在 20 世纪 80 年代长大的,当时,有氧运动热潮(aerobics boom)进行得如火如荼,女士们穿着套装和网球鞋去上班,并且我所知道的一切都是音乐节目教的。完美是令人陶醉的,我成了它的俘虏。

再强调一次,把完美主义的形成过程点点滴滴地串联起来,有助于挑战你的信念。把重点放在你可能一直拖延却不自知的问题上。记住,你永远有能力改变旧的信念、习惯和模式。

## 绝不做懒虫

从挣扎于完美主义之中的女性那里,我一次又一次听到的是，她们如果放弃完美主义，就会变成一个懒虫。她们觉得，停止追求完美便意味着对一切甩手不管并且说："去他妈的！"同时对她们的外表、职业道德、子女教育及所有的一切都不再抱有期待。她们太习惯于追求完美，以至于在她们看来任何不完美都是一种暴行，即对所有女人的一种侮辱。这种信念是："要么做到完美，要么沦为懒鬼。"哦，真的太恐怖了。

女士们。并不是非得那样。即使不以完美为目标，你仍然可以追求伟大（卓越）。布琳·布朗——《不完美的礼物》(The Gifts of Imperfection)一书的作者，用一种解释将两者区分开来：追求伟大关注的是自我（我怎样才能提高），而追求完美主义关注的是别人（他们会怎么想）。

换句话说，没有人要求你扔掉你的待办事项清单，辞掉工作，然后搬到你父母的地下室中去。你仍然可以把你的所有事情做得很棒，但我希望你考虑一下这一切是为谁而做的。是为了你自己吗？如果是这样，到了最后，你可以为你的表现而自豪——自豪于你是怎样完成了这一切。或者是为了别人而做？如果是这样，你可以给他们留下深刻的印象，并让他们喜欢、认可你，这样你就可以避免遭受批评、拒绝、责备，以及万恶之源——羞耻。

你看到区别了吗？

我认为其中没有一个明确的界限。即使是"最好的"自我提升成瘾者在做事时也会陷入完美主义陷阱，尤其是当他们感觉有点容易受伤时（这种情况经常发生）。对于非黑即白的极端思考者，我要说，如果你认为你需要完美地摆脱完美主义，那么在攻克完美主义时一定要小心！

## 如何解决它

如果你准备解除完美主义对你的束缚，那就把袖子卷起来，让我们开始干活吧。放弃完美你仍然可以过得很好。以下工具将帮助你这样做。

**学会处理批评**

对于那些挣扎于完美主义之中的人来说，接受反馈，尤其是批评性质的反馈，会给他们一种被绑在火刑柱上受刑的感觉。完美主义者倾向于对批评做出防御性回应，进而把自己送入每况愈下的恶性循环中。我知道有些人并不懂得如何表达批评（因为他们是混蛋），但完美主义者倾向于用批评折磨自己整整一天（或者更长时间）。问问自己，你对整个自我的信念是否会由某件事带来的批评形成？例如，如果你的老板告诉你，他希望你改善一下工作表现，你会告诉自己你很蠢吗？或者花几个星期的时间一直想着你的老板是个魔鬼？

当批评来袭时，为了避免掉进自责的兔子洞里，你可以用这样一个方法——问问自己是谁给你的反馈？它对你来说很重要吗？如果不是，例如，如果它是网上的一条匿名评论，那么请认真考虑一下。你是否在任由一个陌生人的意见支配你对自己的感觉？

或者，如果你觉得甩不掉这种感觉，那就问问自己，那个人是不是碰触到了某种你真正在意的东西，某种正在威胁着你的完美形象的东西。它是一件你能处理好的东西吗？例如，在工作或养育子女时，你是否犯了本不该犯的错误？

此外，当你受到批评时，如果陷入了沮丧的恶性循环，那就问问自己，你开始胡思乱想了吗？你能从那些可疑的线索中梳理出事实吗？如果你在工作中犯了一个错误并受到了批评，唯一的事实是，你犯了一个错误。然而你也可以胡思乱想——你很糟糕，你会被解雇，每个同事都讨厌你……可这根本不是事实。关键在于，当批评袭来时，要注意到它，要有好奇心，同时头脑要清楚明白。

每天晚上吃饭时，我和丈夫会问孩子三个问题。首先，我们会问一天中他们最喜欢哪段时光。其次，我们会问他们最不喜欢的事情是什么，因为我们不认为他们在面对生活时必须"盲目乐观"（也就是完美主义）。最后，我们会让他们说说那一天他们犯的一个错误。我们希望他们从小就知道，不犯错误，就不会学到有价值的人生经验教训。作为人类，犯错误是很自然的，它是某种能让我们从中学到知识，而不是要不惜一切代价去避免的东西。

所以，我希望你（无论是否有人给你直接的反馈）看一看自己每天犯的错误并且从中吸取教训，而不是发誓再也不犯这个错误，或者无止境地批评自己。

**设定合理的期望**

很多时候，我和我的私人客户一起帮助她们设定目标。在开始时，她们会把目标清单交给我。有时，看着她们的清单，我会情不自禁地笑出来。虽然我完全赞同那些伟大的成就和目标，但那张清单列得简直是五人份的目标。然后我问她们，是谁拟出的这份清单？是她们自己吗，还是她们内心的自我批评？是她们的真实心灵还是她们的"完美自我"？不出所料，当我进一步提问时，她们意识到自己拟出这份清单不是为了她们自己，而是为了一种当每个人都知道她们完成了所有目标时，她们认为自己会产生的感觉。

完美主义者往往会把关注的焦点放在目标会引发的结果上，而不是实际地实施。当目标完成时，她们很少（几乎不会）停下来陶醉于自己的成就。因此，我需要问你两件事：你的目标是为了你自己吗？在即将完成目标时，如果没有人在意甚至没有人知道你将完成这些目标，你会有什么感觉？这些目标对你来说仍然那么重要吗？完成这个目标是否仍然会让你感觉良好？

**给自己许可**

把自己从完美主义之中解放出来，需要你学会怜惜自己。在第 1 章中我给了你很多相关工具。在这里，我还给你准备了另一个工具：给自己许可。

首先，查看一下你在哪个方面有完美主义倾向。在一张纸上写出以下与自己有关的分类。

- 子女教养。
- 工作/职业生涯。
- 人际关系。
- 饮食/身体。
- 未来的目标。
- 家庭。

其次，在每个部分列出所有你允许自己放松下来的事情。

允许自己……

- 作为父母偶尔陷入困境。
- 不去热衷于试图成为一个完美的母亲/妻子/雇员/朋友。
- 偶尔不去锻炼。
- 每天善待自己。
- 把日子一小时一小时地过。
- 向_____寻求帮助而不是孤立自己。

把这些许可写在便利贴上，然后贴在你能看到的每一个地方。把它们设置为你手机上的提醒事项。定时用邮件发送给你。无论到了哪里你都会看到它们，读到它们，并且接受它们。

此外，或许你会觉得你这是在允许自己成为一个懒虫，但这种做法更多是为了给你放个假,并承认自己的不完美。你的目标不一定非得极端化。即使个人发展也不会粗暴地被划分为错误和正确两类。你的目标是警觉、前后一致、自我仁慈和怜惜自己。试着做这些时,你会拥有更多的快乐。答应我努力去做,好吗?

## 它的背后究竟是什么

让我们揭开你的完美主义的真面目。我希望你回想一下,完美主义都让你付出了哪些代价。例如,你的孩子可能会因为你经常担忧房子不够完美而感到紧张;你可能正徘徊在成为工作狂的边缘或完全成了一个工作狂;人际关系可能让你痛苦——因为害怕看起来不完美,你没有敞开心扉与人交往;你可能不觉得自己的完美主义影响到了其他人,但对你来说,那些焦虑和不足的感觉非常痛苦。列出目标清单之后,问问你自己,在你的生活中,与为完美主义付出的代价相比,对完美的追求是否真的更重要。

这一切都值得吗?

最后,完美主义归根结底意味着,你在害怕某些东西。在这件事上,如果没有选择直截了当地问你,我就是在帮倒忙。所以,你究竟在害怕什么?把它写下来。写在这本书里,写在一张纸上,用口红写在镜子上……不管在哪里,只要把它写下来就好。你为何害怕别人知道你的不完美?如果非要猜一下,我会说你在害怕下面这些东西。

- 犯错误。
- 被人视为愚蠢、不够聪明、不合格的人。
- 自己的体形被人指指点点。
- 伴侣会离开自己（因为你不能完美处理每一件事并且有"毛病"）。
- 教养子女的方式被人评判。
- 不成功。
- 过得失败，也叫作"没能把自己的烂摊子收拾明白"。

我向你保证，你的表现远没有你想象的那么糟。你有余地放自己一马，找到灰色地带，涉水而过。放松对完美主义的追求会让你内心的自我批评觉得你放弃了，但这真的是你通往更加和平、自由和欢乐之地的入场券。

我们都在那里等你，而且会给你留个座位的。

## 问自己一些难题

- 你能精确地找到自己的完美主义来自哪里吗？如果可以，你能验证一下这些来源并挑战相关的信念吗？
- 不做完美主义者时，你的脑中会产生哪些胡言乱语？

- 你如何以一种更有意识的方式处理批评？此外，当你接收到批评甚至反馈时，你会在自己的脑子里编造什么故事？
- 为了帮助自己不去设定过高的期望，你需要给自己哪些许可？
- 你为完美主义付出过哪些代价？

# 第 9 章

# 坚 强
## ——虚幻的强硬外表

"要坚强！"他们说。

尽管这是一次鼓舞士气的谈话，但在我看来，人们应该在地狱中为"要坚强！"这句命令安排一个特殊的席位。事实上，如果把"坚强"比作一座房子，那么我要用砖头砸烂它的前窗，然后再放一把火把它烧掉。

我们大多成长于这样一种文化之中：对女性来说，情绪化等同于歇斯底里。这种刻板印象对于大多数人来说都是可怕的，但是我们无法逃避。摆脱它意味着藏起我们的情感，尽可能地压制它们，同时双手十指交叉，期待和祈祷情感消失不见。

以特蕾西的故事为例。

从我是一个孩子开始，我就不断听到类似"你可真坚强"的话。年轻时，我面临着很多健康问题，所以当听身边的人这样说时，我就下意识地对自己说："这就是我需要的处理事情的方式，而且不管过得多么艰难，我都要确保自己表现出坚强的样子。"

之后我成为一个妻子、母亲，而一有机会我就会披上我的"坚强盔甲"。这是我所知道的一切。我觉得在某些时候（比如发现丈夫外遇后，我不得不离婚时；失业整整3年时；以及最近收到一张癌症诊断单时），这种习惯确实给了我很多帮助，努力尝试与坚强使我成为一个合格的妈妈，让我在需要关怀时照顾好自己，而不是向别人寻求帮助……或者允许自己脆弱下来……只是这些都不在我的选择范围之内。

有时候"要坚强"确实有用。在保持坚强时，我们养成了一种习惯，也学会了禁锢情绪。禁锢情绪成了"我们要坚强"的新定义。

我们为此受到赞扬，我们甚至互相道贺。如果在每次有人告诉我"你真是坚强得令人难以置信，我可比不上你"时，我能得到一美元，那么我早就成富婆了（其实，如果条件换成"我对别人这样说时，我能得到一美元"，那我会变成超级富婆的）。

作为女性，我们被教导要这样与其他女性交谈，以使彼此感觉更好。悲哀的是，我一次又一次地看到，当某位女士面对一些艰难的事情（比如离婚、生病或家庭成员亡故）时，我们都告诉她要坚强，好像另一种选择（悲伤到心碎）是错误的。

以下是我的声明。

我不认为坚强是完全不好的。它可以是一件好事，在你需要它的时候帮助到你。就像特蕾西在她的故事中提到的，当她面对离婚、失业，并且被诊断患上癌症时，坚强在一定程度上提供了帮助。作为人类，我们生来就有韧性，所以从本质上说，坚强是我们选择的一个习惯。

以下是我的警告。

在告诉人们要坚强时,我们真正表达的是:不要悲伤心碎,不要哭得太凶,不要崩溃,不要在情绪里陷得太深,不然我们(目击你痛苦的观众)会感到不舒服。当然,看到我们关心的人处于痛苦之中,我们也会感受到极大的痛苦——与表达和暴露难过情绪的人相处常常会使我们感到不舒服。

我想表达的是——我们喜欢稳定。我们喜欢快乐和积极。所以,我们会要求人们保持坚强,而不是让自己冒着不舒服和易受伤害的风险。

我想完全颠覆这种观念。

## 它来自哪里

先来弄清楚你编造的与感受有关的故事。对你来说坚强的对立面是什么?你平时以什么为榜样?你的父母有没有在你面前宣泄过情绪?他们也许这样做了,而且没有设置边界——例如,也许他们表现出了愤怒和狂暴,却没有理清由此带来的混乱,过后也没有和你一起讨论。或者,当你表达情绪时,你也许听到了这样的话。

- 忍一忍。
- 别再做小孩子了。

- 我没有时间听你说这些。
- 别在意它了，习惯就好。
- 你需要克服它。

如果你被塑造成了一个将感受情绪视为错误的人，那么作为一个成年人，你表达（或拒绝表达）自己的方式肯定受到了很大影响。从某种意义上讲，我们都被塑造成了那种人。那可能非常令人困惑，即使人们本意是好的。当说自己害怕了时，别人会告诉你不要害怕，或"这没什么可害怕的"。这样的建议可能会一直伴随你，同时让你变得更加坚强。

当我 18 岁时，父母离异对我来说是个突然的打击。我有很多哥哥姐姐，可他们和我都不是同父同母的，所以实际上我是唯一应付这种情况的孩子。我被送到一个心理治疗师那里，我在她的办公室里发誓我不会哭泣，并把它当成我的目标。我不停地告诉她和我的父母"我很好"。当时我没有告诉任何人，但我觉得我的行为不仅保护了自己免受消极情绪的困扰，而且保护了我所关心的人。我不想让我的父母知道他们婚姻失败这件事正在伤害我。我告诉自己，表达我的情感会伤害他们，而如果能避免伤害他们，我会不惜任何代价。

我确信，就算仅仅把门打开一个小缝隙，让我的情感流露而出，我多年来努力压制的情感也会像龙卷风裹挟的碎片一样射出，伤害附近的所有人。所以，我让它们保持着被锁住的状态，戴上我的坚强面具，把它当作我的荣誉勋章，然后开始忙着别的事。

就像在上面特蕾西的故事中,一句"你可真坚强"有着强大的影响力。不管对你说这话的是别人还是你自己,你已经认定坚强才是驾驭生活中混乱部分的方法。坚强是为了生存,而屈服于痛苦是可怕的。哪种方法有用不言自明。

**高度独立**

要是说坚强有一位姐妹,那她的名字就是高度独立了。也许你认识她。她想凭一己之力完成所有事,而且当事情变得很难办,或者当她在苦苦挣扎时,她肯定不会告诉任何人,也不会向人求助。虽然这种状态类似于孤僻和躲藏(详见第2章),但其中也存在一些差异。高度独立的女性可能会告诉自己以下几点。

- 我需要更自给自足。
- 不必将自己的需要告诉别人。
- 如果我想把它做好,我会自己做的。
- 我是唯一能做到这一点的人。

她也许也会相信,依靠某人(无论因爱情、友情或是任何方面的事情)是缺乏自信、软弱和幼稚的表现。正如你可能猜到的那样,她根本不想表现出缺乏自信、软弱和幼稚。

也许人们会因为你超凡的独立性而赞扬你。赞扬你在没有任何人的帮助下过得如此成功和快乐。但在内心深处,如果不去做那些所有人都必须做的事,比如向别人寻求帮助,那么你会越来越难感到快乐和满足。

## 如何解决它

现在我要问你一个疯狂的问题：要是偶尔允许自己崩溃会怎么样？想哭就哭，想生气就生气，感觉挫败时就跪倒在地，任由情绪洪流将我们冲走，会怎么样？让我们更进一步想想，要是在另一个人面前做这些事情呢？假使我们可以在别人的陪伴下感到不安和害怕，同时感觉到他们因为目睹了这个场景而更爱我们，会怎么样呢？假使这个场景是真实的，并确信最终我们会很好，又会怎么样？也许你会想："你是不是在开玩笑？在别人面前崩溃？"我理解那种恐惧。这是你可以逐渐做到的事。现在就把它放在你的背包里。

坚强并不意味着无视那些具有挑战性的事件和状况，硬着头皮熬过去。坚强不是咽下你喉咙里的肿块。坚强不是将你的情感推入灵魂深处。

我希望你能打开你的心灵和精神，站在力量和韧性的新视角看待问题，它允许你接受和理解自己和你周围的一切——无论是坚强的还是可怕的部分。

**直面你的情感**

现在你知道，坚强并不等于艰难地熬过生活，用胳膊肘推开任何散发着斗争气息的挡路者，而这种与力量有关的新视角是什么呢?坚强意味着走向愤怒、失望、悔恨、悲哀、忧伤、失落、恐惧等消极情感,甚至是走向那些所谓的好情感,如欢乐、爱、兴奋、幸福和成功。所有这些情感都是很难承受的。

坚强是让阳光照亮那些情感,并感受它们。对它们抱有好奇心,接着解锁更多的情感,并且同样去感受它们。它就像毛衣上的线,我们可以随意挑选一根,然后开始拆解:我们对自己所感觉到的情感越有好奇心,就会越快、越容易地梳理出更多的情感并处理它们。

这就是坚强。

对和我一起工作的女性来说,表达情感是一种不会失败的任务。在各种各样的情感中,悲伤和愤怒是女性强行憋回去的两种最重要的情感,面对这两种情感她们决定"要坚强"。

例如,我的一个客户杰西卡对她父亲有一些无法释怀的情感。她说她仍然对他感到生气,而且从未完全将这种情感表达出来,相反,当她感到这种情感即将出现时,她把它憋了回去。我问她:"你担心自己生气和愤怒时会发生什么?"她说:"我害怕这对我来说会太难应对。"我问:"然后还有什么呢?"那时她停顿了好几分钟才回答说:"我怕我一旦开始就不能停止哭泣,而且我害怕自己失去控制。我不喜欢那样。"

现在我们已经取得了一些进展。

我交给杰西卡一个让自己生气的任务。她能做些什么来唤起那些情感呢?她说有一些照片能够将她带回那个场景中,让她的情绪激动起来。她下定决心完成这项任务。

几天后，我收到一个带有图片的短信。图片上是一张带毯子的床、一本坏了的电话簿，还有一盒纸巾。杰西卡在短信中说："这是我的纸巾和电话簿，我用橡胶锤把它们砸坏了。我哭了，生了大约一个小时气，然后又睡了一个小时。"不久后和她交谈时，我问她感觉如何。她说在做这些之前她感到焦虑，仿佛知道即将发生什么，有一种力量已经呼之欲出。她的身体已经准备好释放它，同时她说，她必须努力让它慢下来，直到最后的时刻到来。之后，她感觉好多了，松了一口气，她能做到安然无恙地度过这一过程了。

现在，我并不是要说杰西卡在她与那个特殊主题的斗争中被"治愈"了。同样的情形可能会在她生命中的某个时刻再次出现，而她需要再次处理它。但这个练习是很有帮助的，因为它不仅释放出了迫切需要释放的情感，还帮她建立了自信心。杰西卡现在已经知道，她可以允许自己的情绪表达出来，而且结束时，她还是好好的。世界并没有在她面前爆炸。

## 屈服于你的身体

回避情感是我们欺骗自己的方式，让我们觉得状况没有失控。表达情绪时，我们是在屈服于我们的身体，让它做需要做的事情，而不是试图用我们的方式去压制它。对我们许多人来说，屈服于我们的身体是一个陌生的概念。

但有些情况要求我们这样做。我想问一问生过小孩的读者，想象一下，要是分娩时你试图不让孩子出生，会发生什么？没错，你不会进行这种尝试。或者呕吐呢？我知道那很恶心，但你同样不能把它憋回去。你的身体知道哪些东西需要施放。你的身体正在照顾你——通过摆脱它需要摆脱的东西。

情感也是一样的。你的身体知道它需要做什么。

同样，这也是"无论选择哪项，感觉都很糟糕"的情况之一。情感产生时，我们有以下两个选择。

1. 把它憋回去。我们是"坚强的"。是的，这是很困难的，因为实际上，这确实需要努力去做。尤其是当我们抑制情感的模式只有两种时：要么麻痹（通过告诉大家我们很好来回避它），要么指责别人。

2. 表达情感。这个选项也是让人极度痛苦的，因为没有人真的希望大哭特哭或抱着枕头嘶声叫喊。嗯，感受痛苦是痛苦的。

这两种选择对许多人来说都苦不堪言，但是如果你仅仅因为熟悉和习惯第一个选择，便那样做了，也不完全是你的错。你受到的教育可能就是那样对待你的生活。戴上这张富有能力、刚强不屈的面具，走向外面的世界，坚强起来。你确认这样是对的，因为任何人都无法接近你。

你已经习惯了这样做。现在对你来说这样做很容易，因为你已经掌握了它。但我确定的是，这样伪装是很累人的。另外，所有那些被你憋回去或投射到别人身上的情感仍旧需要被表达出来。你不能活生生地埋葬你的情感，希望并期待它们消失。它们不会，它们会蹲坐在你的身体上,让你看起来心神不定、疾病缠身、恼怒、焦虑、失眠,甚至还有抑郁。

要是我们重新定义坚强,会怎么样?它涉及如下几点。

- 请别人帮忙。
- 不要因为我们有能力做所有事情就一个人把所有事做完。
- 真实地感受你的情感,而不是麻痹、忽视它们,或者通过伤害别人来减轻自己的痛苦。

另外,要注意解决某些极端情况:要么你每一天每一秒都完全屈服于情感,在工作中崩溃,在你的孩子面前表现得一团糟,等等;要么你就把它全部忍下来,保持坚强。

情况不必这么极端。有时候,你可以暂时克制你的情感,直到某个适当的时机来临,你能放松所有的情绪。或者,也许你需要等上一天的时间,朋友才方便倾听你的故事。但此时要小心。当我们需要等上一两天时,把一切都憋回去的趋势可能会悄无声息地出现。要保持对自己的责任心,并且考虑重新定义自己的坚强。

你极有可能知道自己是否正在以坚强的名义压抑情感,那就是我要你寻找的东西。让我们从那里开始。

## 觉知是关键

也许像其他所有习惯一样,做到保持坚强或远离坚强的最重要步骤是了解你是何时开始参与其中的。如果你觉得自己的身份就是基于坚强建立起来的，那么意识到这点之后，我希望你在试图坚强时能提醒自己一下。本章结尾部分的难题能在这方面给你特别大的帮助。

当你发现自己陷入了告诉自己"振作起来"或"戴上你的坚强面具"的自我对话时，要知道这是你内心的自我批评在说话。你的内心批评家害怕表现出软弱无力或易受伤害的样子，不过，坦率地说，你的内心批评家需要去检查一下它的脑子了。

你要明白的是，坚强不是一个荣誉勋章，它不会让你获得进步，也不会使你比任何人更好。在我们生命的最后时刻，没有人会因此赢得奖赏。它也许能暂时发挥作用，我说"发挥作用"是因为你能从别人那里得到即时验证，而另一方面你会觉得不必去审视和处理你真正的问题和情感，可那恰恰最有可能是你所追求的。然而亲爱的，从长远来看，这不会解决你的问题。

允许自己感受自己的情感，能让你与"要坚强"这个习惯达成和解。更具体地说，通过求助于富有同情心的见证者，你"要坚强"的行为可以得到矫正。

毫无疑问，你是坚强而有韧性的。你是为生活的考验而生的，而那些考验让你成为现在的你。你这个人丰富而多彩：有韧性、坚强、不完美，并有一件正在积极处理的事。你允许自己屈服于生活的程度（即使这意味着放弃"坚强"）与你的幸福直接相关。我鼓励你朝那个方向前进，以便在生活中创造出更多的信心、勇气和快乐。

## 问自己一些难题

- 你对"坚强"的对立面是怎么定义的?
- 你感到自己用坚强把情感强行憋回去了吗?如果是的话,你认为为什么会出现那种情况?
- 如果你不够坚强或有人认为你不够坚强,你害怕会发生什么?
- 确切地说,你变得坚强到底是为了逃避什么?
- 你能具体做些什么改变这个习惯?

第 10 章

# 让我来做这件事
## ——开始放弃控制

如果每个人都按照我说的去做，一切都会好起来的。

这曾经是我的"神之真言"，我全心全意地相信它——生活中的不如意都是别人造成的，如果他们按照我的吩咐做事，我们都会很幸福（我也好奇那段时间我怎么还能交到朋友）。

22岁时，我有了第一份真正的工作。我的老板（我后来意识到她是控制狂之王）在我工作的第一个星期对我说："我们完全控制住的事情是如此之少，所以要尽可能去控制你能控制的事情。"在那次谈话中，她指的是我的办公桌——建议我保持我的工作区井井有条，然而我把那个建议记在了心里，以此鞭策自己。我的意思是，她的话没错，我们不能控制一切，但是作为一个过于进取、奉行完美主义的坚强年轻女性，我会死于这种尝试中。

作为人类，我们需要一种确定感。有些人可能会争辩说我们已经对它上瘾了。我的朋友克里斯汀·海勒（Christine Hassler），《告别失败感：正视工作、情感与生活中的失望情绪》（*Expectation Hangover*）一书的作者说："人们想要控制的事情如此之多，想要知道未来会有什么，当我们自己想不出结果时，就去心理学那里寻求答案。"

我觉得如果我能控制一切（包括人在内），我生活中所有的不确定性、不安和焦虑就都能消失了。那些觉得自己无法控制自身生活和情绪的人往往试图去控制别人,而我也不例外。

对于挣扎于控制之中的人来说,事情的棘手之处在于,一开始的时候控制是件好事。控制型的人也是高效、可靠、聪明和富有成效的。他们常常能找到操控项目或挑战处境的最佳方式。当工作情况变得艰难时,你可能希望他们站在你身边。

然后就是那条该死的线。那条交叉着的进入疯狂小镇的线。当涉及适时放手、委派和信任别人时,控制狂们有着最低的容忍度。这种状态可能会迅速发生变化,而且当它发生时,你最好退后一步,因为他们有可能突然爆发出凶猛的火焰,控制所有触手可及的东西。

老实说,大多数受困于"控制"的人都不会拿着一个写字板疯狂地跟在别人后面发号施令。他们喜欢管头管脚地监控一些小事。一个常见的例子是他们管理家庭的方式——他们总是不顾一切地以某种方式做事情,如果事情出了问题,他们就会发疯。

又或者他们会对日常安排和旅行路线固执己见。任何妨碍他们的东西都会使他们焦虑,有时甚至会让他们发怒。在工作中,他们承担全部或大部分的职责,接到他们委派给你的工作后,你可能发现他们站在你的身边监视着你,并对他们交给你的任务指手画脚。

他们如果是父母,也许会从头到脚地监控自己的孩子。控制他们放进嘴里的每一口食物,监控他们的日常安排,不让孩子有机会自己犯错误,甚至不让他们有自己的成就。

所以，如何才能做到既保证孩子的安全，又不去控制一切？如何才能既保持工作有序开展，又不像个大脚怪一样踩踏每个人的空间和计划？让我们找出答案。

## 潜在的问题是什么

我要直言不讳地讲：受困于控制的人们生活在恐惧之中。如果不试着去控制每个情况的结果，他们会害怕有事发生，因此他们把别人的情感和他们的人际关系搁到一旁（这有时是很明智的），只关注自己能够控制什么。

尽管在那个时候我并不知道，在我的控制生涯的全盛时期，潜在的问题是低自尊、心神不定和缺乏信心。表面上，我真的觉得自己知道对每个人来说什么是最好的，而如果他们只是听从我的吩咐，他们会过得更好。如果我能创造一个积极的结果或解决某个人身上存在的问题，我的自我感觉会更好。

我负责的事情和情况越多，我的感觉就越好，因为这确保了我控制更多东西。但是，真的，所有微观管理和控制对我来说都是一件很容易分心的事，所以我不会去审视自己真正的问题：破碎的心灵、悲伤、压力、焦虑、恐惧、困惑和挣扎——所有大多数人一生中都会遇到的事情。我不确定自己是否意识到了潜在的一切，但我内心的一小部分确实害怕去审视它。许多控制成瘾者都是这样做的，目的是逃避自己生活中的痛苦和挣扎。审视他们生活中的不安太困难了，所以他们会把手指伸到别人的生活中，寻找更多的事情去做。

> 许多控制成瘾者都是这样做的，目的是逃避自己生活中的痛苦和挣扎。

控制成瘾者也会感受到情绪上的不安全。当我看到隐藏在成功表面之下的感觉和情感时，我吓了一跳，就像一不小心撞上了蜘蛛网一样。你到处胡乱挥舞自己的手臂，拼命地想把网从你身上拿开，同时希望自己的脸或头发上没有蜘蛛在爬。这就是我对我的生活中出现的情绪的感受。我会很快逃离它们，同时找到其他可以控制和负责的东西。

挣扎于控制之中的人也挣扎于完美主义之中。他们想要制定所有规则，拥有所有答案，他们想要成为正确的一方，并且看起来一直都是完美的。对于完美主义者来说，为了把所有这些完成，他们需要控制。这变成了一个永无止境的循环，因为在变得完美的道路上（不可避免地）失败时，他们并没有审视不健康的完美主义习惯，而是试图去控制更多。同时这个循环也在继续。

现在，我不希望你们中的任何一个人认为自己是不可理喻的，因为你们渴望在生活中拥有安全感和确定感。所有人都想要那些，这是人的天性。同时，尝试去控制事物是可以的。我希望你开始问自己的问题是，你的控制行为有没有对你的生活产生负面影响？换句话说，这样的行为是否太过火了？在下一部分我们将详细介绍这一点。

## 如何解决它

还记得在第 1 章我告诉过你,要想改变消极的自我对话,你需要停止与自己的战争吗?控制是相似的,你将不得不停止与自己的战斗并且练习屈服。你可能会认为,要想改变自己的控制方式,你就不得不"放弃它",这对于你来说就像自断手臂一样;你需要让每个人都按照他们的意愿去做事,同时要相信,即便少了你的帮助,每件事也都能以某种方式得到解决;此外,你需要学会对每件事都漠不关心,因为你现在将不得不放弃一切。不过,请放心,情况并非如此。

屈服意味着停止战斗,停止抵抗,停止表现得就好像你的生命依赖于你拥有的所有凌驾于万事万物之上的权力一样吗?不,不是这样的。

之前当我谈到控制行为与恐惧密切相关时,你可能已经犹豫了。你可能认为你比每个人都做得更好,你明明白白地知道自己是更好的。当你持有这种信念时,你在与这个宇宙对抗。你在抵抗事物的自然演变。我必须问你一个重要的问题,如果你在抵抗,也就是说,如果你放弃控制,你害怕会发生什么?

---
如果你放弃控制,你害怕会发生什么?
---

你害怕一切都会崩溃吗?你的生活会更艰难?别人会因为你没有承担所有责任而对你指指点点?你担心屈服太难吗?还是它

看起来太像放弃了？你的身份是否被包装成了这个有能力的、多产的成功者？

也许上面这些都有。好姐妹，我能理解你。我知道，控制可以让我们感觉到自己拥有某个东西。而这个东西会给我们的生活带来确定性。就像有个人将"屈服"这个词文在手臂上来提醒自己，当你不再卡着它的喉咙拖着它到处走时，生活会变得更好，我可以向你保证，正如我知道爱是真实，同样，控制不会把你带去任何地方，只会给你一张疯狂的火车的单程票。

因此，回到那个关于你的控制行为正在消极影响你的生活的问题。例如，在你花了一整天的时间打扫完房间后，你希望房子保持干净整洁是十分合理的，但是你是否会迁怒于家人做的一些正常的事情……比如生活习惯？你在哪方面可以更灵活变通？现在，当你的孩子穿着泥泞的鞋子踏过房间并且把垃圾扔得到处都是时，我能理解你有多生气。但你有时间可以放松吗？你是不是正通过控制每个人的举动，让你的家人小心翼翼地行走在蛋壳上？

或者在工作中，如果有人表达了对你的控制方式的顾虑（或者你刚好知道自己处于控制行为之中），那么你愿意在一些事情上妥协吗？这并非意味着放弃一切；它意味着首先审视这种行为，同时做出微小的改变。因为到了最后，这个习惯可能会对你的私人和同事关系造成极为严重的破坏，更不用说还会无止境地折磨你。

你可能认为控制会让你更快乐，但我可以向你保证，它实际上会让你生活得更艰难。我知道你是一个聪明能干的人。因此，我知道你有能力抛弃这个习惯，并塑造一个有益的新习惯（同时它将帮助你在生活中获得更多平衡）。

**让它保持压缩状态**

另一种打破控制习惯的方法是"不建议"政策。许多控制型的人就是喜欢给出建议，且通常都是未经请求主动提出的。因此，你给自己的挑战就是不去给别人建议，即使你不再能确定他们的生活最终会不会变得一团糟（而他们只要听你的话，就会更幸福），哦，我的天啊，看着他们没有去做他们需要做的事情真是太痛苦了。你觉得筋疲力尽，是吗？更不用说，至少有一半时间，那些人不会去遵循你的建议（即使当时是他们主动找你询问意见的），这会让你感到沮丧和愤怒。

如果这种"不建议"政策的想法让你感到崩溃，那么试试这个：当你看到自己关心的人在挣扎时，仅仅告诉他们一件事，"如果你需要我的帮助，告诉我"。没有建议或提示。没有消极攻击的注解，直白地表达出你知道什么对他们是最好的，即使你没有袒露细节。此外，要足够相信他们，他们如果确实需要你的帮助，会让你知道的。

**培养自我信任**

说到信任，通过控制来寻求平静的人往往在信任方面有问题（无论是对自己还是他人）。他们如果信任自己和别人，就不会觉得事情必须得按照自己的方式运转。控制型的人常常在不安感中挣扎，而失去控制的想法可能会吓到他们。他们不信任自己的情绪、能力、决定，甚至直觉。

我在第 2 章中讲过信任这个话题——更明确地说，是关于信任别人。然而要如何信任我们自己呢？

自我信任（self-trust）是那些看似复杂，让我的许多客户感到不知所措的话题之一。让我们从起点开始。自我信任可以理解如下。

- 一种能力，在那个特定的时刻，你知道自己所做的决定对你来说是正确的。即使最终你觉得自己做了错误的决定，那些学到的教训仍会让你受益。
- 知道自己会被好好地关怀，不管生活要扔给你什么。
- 忽略结果放手去做，而且知道最终会好的（即使事情没有，也不会按你想的方式运转）。只要你为自己的表现而自豪，并清理自己可能造成的任何混乱。

自信心（self-confidence）来源于你的思考，但自我信任来源于你的内心。我知道这听起来有点深奥，很难理解，不过我们可以试试这个练习：现在你必须从选项 A 或 B 中做出选择。理论上关于选项 A 的一切都看起来不错。你所收集到的信息也让这个决定指向 A……但是你的直觉告诉了你选择 B。你似乎无法摆脱这种感觉。

你会怎么做？

我想我们都曾有过这样的处境，在这种处境中我们忽略了自己的直觉，走了另一条路，结果最后才明白直觉一直是正确的。

这并不是说不要听取别人的建议并停止收集你所需要的信息。这两者都很重要，就像倾听你自己内心的声音一样。你越相信你的直觉，你越能收集到证明直觉总是站在你这边的证据，同时你就越能建立起更多的自我信任。而自我信任越强，你就越不会觉得你需要控制一切。

我经常听到（同时自己也曾有过）的关于自我信任的困惑是——我们中的许多人在过去曾犯过如此多的错误。我们有时故意违背自己的直觉，根本不试图感受直觉，一再怀疑自己，或转向询问其他人的意见。自我信任或许从来没有真正存在过，因为我们从来没有给过自己机会。

学习自我信任的关键因素之一是，花一些时间让自己静下来。我知道，我知道，静止的感觉对一些人来说是陌生而不近人情的，然而当你到处恣意妄为，到处施行暴政，就像你的生活离不开它时，你没有其他办法去倾听你的直觉和学习信任自己。我半开玩笑地说，做静止练习时，我觉得自己就像一只被扔到灌满水的浴缸里的猫，全身湿透，烦躁不安，火急火燎地想跳出去。静止让人感觉到不确定，同时对某些人来说，就好像是在浪费时间。但在这一点上请相信我：这是唯一的方法。静止练习，比如冥想、瑜伽、投身大自然中，将会教导你了解自己更深、更智慧的一面。从小的练习开始，即使一天只试5分钟，也会对你有很大帮助。

**考虑你自己的问题**

另一个帮助你摆脱你的控制方式的工具是，在审视自身问题方面寻求需要的帮助。正如我之前提到的，那些习惯性地控制别人的人，是在拼命逃避贯穿在自己生活中的痛苦。"帮助"其他人能让他们感觉更好，所以他们通过插手别人的事来回避自己的烂摊子。这让他们觉得自己很有价值并且有目标。但在大多数情况下，这种方式是错误和虚假的。

让你不快乐的东西（痛苦、挣扎、不舒服、尴尬、恐惧和未知）不会离开你跑去任何地方。你控制别人，试图让他们领会你的方法，自作主张布施一般地给出建议，从头到脚地监控别人……而这样做仅仅是在拖延时间，延后你审视当前世界发生的糟糕事情的时间。有原生家庭的问题吗？去找个心理治疗师。有精神创伤吗？欢迎来到俱乐部！做创伤修复工作或阅读相关的书籍。不能有效地沟通？可供选择的资源也是一抓一大把。

底线：执着于控制会驱使你远离你所寻求的满足感。即使很害怕，你也要去挖掘表层之下的东西。表层之下的东西有着让你自由的力量。放弃控制能让你更加享受生活，能带给你更多快乐，并让你的人际关系蓬勃发展。

## 问自己一些难题

- 你的控制行为对你的生活有消极影响吗?这种行为是否过火了?
- 如果试图放弃控制,你害怕会发生什么?
- 在自我信任方面,你处于什么层次?你能做些什么来提升自我信任呢?
- 你认为自己可能需要从表层之下挖掘出什么来摆脱你的控制行为?

第 11 章

# 天要塌了
## ——为迎接灾难做好准备

你问灾难恐惧（catastrophizing）是什么？是朋克乐队的名字吗？可能是而且应该是。但对我们来说，这是一种让女性感觉很糟糕的习惯之一。

灾难恐惧看起来像这样：假设你的生活中，事情进展很顺利，甚至，很棒。你的工作很好，你的人际关系很顺利，而且你的支票账户没有透支。你无视了所有好事，然后想着："这不可能长久。我想知道这一切什么时候会土崩瓦解？"或者你在备孕数月后终于怀孕了，却开始着魔于流产，开始在网上搜索统计数据，并想知道自己什么时候会流产。

有时我仍然会对最好的事情抱有灾难恐惧。我准备出去玩，我的孩子们快乐且健康，我的婚姻很美满，生意很棒，我有极好的朋友，然后这一念头突然袭来。我听到自己在想："这些不可思议的事情什么时候会结束？"我无法告诉你我有多少次尽可能具体地策划自己的葬礼。考虑要放什么音乐，谁会发言，甚至谁肯定不会出席。或者更糟（更难去承认）的是——发现我在幻想自己的一个孩子被诊断患有绝症或被绑架，怀疑我的婚姻是否能在这样一场悲剧中幸存下来，或者我是否会因此再次酗酒？

这就好像我钱包里有一张就要到期的幸福配给券，所以我最好做好准备迎接灾难。快,赶紧拿一些路障把我围起来。

我的朋友们,这是在为悲剧彩排,"等待另一只鞋掉下来"[1],或者按我喜欢的说法——"灾难恐惧"。很多女性都有这种习惯,但大多数时候她们并不知道自己在这样做。不仅如此,她们也不知道这正制造着多大的消极影响。本质上,灾难恐惧者预演悲剧,而当事情按她们的设想进行时,她们感觉如此不适以至于不知道如何冷静、放松,只会陷入所有即将发生的可怕事件之中。她们不知道如何拥抱快乐。

尼莎——一位来自纽约的30岁的女士,她感觉如下。

> 我挣扎在对职业生涯和个人生活的灾难恐惧中。就好像我的内心深处有某种想要摧毁我的东西,它限制了我能感受到的快乐的总量,在它面前,我只能稍微快乐一下。我最近发现了很棒的男人,我与他分享我的生活,但这种经历让我感到极其不舒服和陌生,我发现自己徘徊在它会如何结束以及为何会结束的想法中,我发现自己在试图控制结果,并寻找着任何表明它将要结束的微小迹象。
>
> 恐惧涉及的一部分内容是,感受快乐让人觉得很陌生,并且不同于我所知道的。我知道如何作为一个灾难恐惧者而存在。我不知道如何作为一个拥抱快乐

---

[1] 喻指等待似乎不可避免的事件,尤指不可取的事件。——编者注

的人而存在。

　　由于这种关系，当我坐下来并且真正地思考它实际上是多么宏大时，我的感觉是那么的强烈，强烈到它真的吓到我了。因为在内心深处我告诉自己我不配得到快乐或者我会失去它。就好像如果我现在确实感受到它并且拥抱了它，假如我在未来失去了它，我就会受到更多伤害。

关于快乐，一件违反直觉的事情是，大多数人在感受到它时真的会不舒服。显而易见，人们喜欢快乐，这是我们作为人类奋斗的目标，但是那种真正的快乐——那种充满爱、幸福、极乐和安全感的强烈情感都围绕在一个人身上，有时会让人望而生畏。因为，就像尼莎对我们说的那样，我们有一种不好的事情终将发生的自我暗示。我们熟悉失望、失败甚至悲伤的感觉，而完全拥抱快乐则更像一种冒险。这就像让自己去爬一个摇摇晃晃的旧梯子——当我们要爬上更高的阶梯时我们希望自己掉下来。我们到达的地方越高，我们所冒的风险越大，最终摔倒的时候就越痛。所以更安全的做法是只爬几级，或根本不爬，因为痛苦是不可避免的。不要全力以赴。我们说服自己，通过控制进入我们内心的快乐的程度，我们可以控制自己最终感受到的痛苦的程度。

---

> 我们说服自己，通过控制进入我们内心的快乐的程度，我们可以控制自己最终感受到的痛苦的程度。

---

## 它来自哪里

对我们许多人来说，忍受快乐和幸福是极其困难的，更不用说它们会使我们感到不安全或不可思议的尴尬，所以很多时候我们只是完全回避快乐。在某种程度上，我们已经下定决心，如果在第一时间回避真正的快乐，我们就可以降低自己所冒的风险，从而在这完全弱势的情况下抢跑。

如果我们回到问题表面并且挖掘得更深一点，就会发现根本的问题在于价值："我是谁？值得拥有这么多的爱和幸福吗？我是谁，配得上所有那些爱我和接纳我的人吗？如果他们知道我有时真的很挣扎会怎么样？如果他们知道我和我的生活有多不完美怎么办？他们还会爱我并接纳我吗？"

这些听上去有点耳熟吗？可能是因为我知道我们大多数人都在老调重弹。而我，可以很轻松地坐在这里告诉你，你是有价值的，值得拥有所有那些出色、重要的东西，而这一切都是非常真实的，但宝贝，真正的工作在于身临其境。让自己置身于那种不舒服的处境之中，尽管大脑在告诉我们："这是不安全的！要逃走！"但是我们如果不置身于那种原始的快乐中，就不能完全体验它。

## 如何解决它

放弃灾难恐惧对你来说可能无异于放弃你创造的用来对抗痛苦的安全装置和避难所。当我们迈出摆脱这个习惯的幼儿般的一小步时,有一件重要的事情需要我们考虑,还有一件同样重要的事情需要我们去做。

**触发事件**

一个夏天,我和丈夫贾森发生了争吵。这次特别的争吵蒙蔽了我的理智,同时我不得不休息一下,离开这所房子。开车时,我发现自己深深陷入了这样的思考:他要离开我了。我们将不得不把房子卖掉。我会成为单身妈妈。我要住在哪里?该怎么跟孩子们说?在几分钟内,我已经制订出一个单身生活计划。在我们的争论中,他并没有表达出想离婚的意思,甚至不曾稍微提到这个字眼。我在头脑中编造出整件事,思维就顺着它跑远了。

这涉及几件事。首先,对于我来说,做计划和进行控制比思考发生了什么事或感受我对它的反应更容易。其次,简单明了,我被触发了。我已经在其他几个章节中谈到过了解你的触发事件的重要性,而陷入灾难恐惧时也是注意触发事件和改变这个习惯的好时机。我的例子是很普遍的一个,如果你曾被甩、被抛弃过,或者说某个人完全走出了你的生活,那么请举起你的手。我想即便不是所有人,大多数人也都会举起手。那些伤口往往黏着我们不肯走,所以即使面对最小、最细微的被抛弃的可能性,我们也会编造出世界末日的情节。有关大脑的研究告诉我们,这是人类面对触发事件的正常反应,所以不要对自己太过严厉。通常,我们会无意识地进入我们头脑中的那些地方——但一旦意识到自己被触发了,我们就可以控制自己的反应。

那一天，一旦意识到自己在做什么——编造故事并且失去了理智，我便向自己承认这是我自己的困境，我知道有一个旧伤口被捅开了，而意识到这一点之后，当我和丈夫一起解决这个问题时，我就能更清楚地思考，然后更清楚地行动。

再说一次，当你发现自己陷入了一场最糟糕的灾难之中，或者根据与某个人的一次谈话或这个人的反应来规划你的余生时，检查一下你是否被一个旧伤口触发了，并因此编造出了那些疯狂的故事。

**感　恩**

总的来说，感恩是一种极好的实践，而当你发现自己处于灾难恐惧之中时，感恩也是一个极好用的摆脱恐惧的工具。也许你已经写下了你每天最感恩的三件事。你做得很好，但是我要向你发出挑战，希望你在这件事上做出调整，因为，老实说，这是一种半吊子的做法。它是一个很好的开端，然而是时候继续前进并把它升级换代了。

在与许多女性谈论过这个话题后，我得出了一些关于实践感恩的结论，以及它与灾难恐惧这种习惯的直接关系。

1. 灾难恐惧者是如此了解黑暗，以至于他们期望黑暗。他们对困难、心碎、匮乏、悲伤或绝望等情感非常熟悉，他们无论何时都对那些情感热烈欢迎。好消息是他们无法感受到感恩之情，直到他们经历了这些与之相反的情感。要想感受光明，你必须了解黑暗。所以猜一猜发生了什么？你已经走了一半的路了。

2. 出于某种原因，它被称为"感恩实践"。你不会立刻像一个佛教僧侣那样思考，并且一直这样持续很多年，冥想那些所有让你快乐的事情。你读到的所有内容（不仅在本章，而是在所有章节里）都依赖于实践。你不是只实践一次，就能成为一名碧昂丝[①]（Beyoncé）的候补舞者，然后继续作为职业选手巡回演出（什么？小女孩可真能做梦）。你实践、弄糟、实践、考虑放弃、实践、变得好一点、实践、不断继续。这些工作和感恩一样，能让你远离灾难恐惧。

3. 感恩的实践发生在微小、有时无关紧要的时刻。在你的日常生活中，最微小的时刻可能是你最快乐的时刻（比如将要和你在意的某个人一起散步时，与你的猫或狗紧紧相拥时，喝清晨的第一口咖啡时，或听着你孩子的笑声时），如果你肯停下来关注它们超过一毫秒的话。在我们与他人相处时会发生许多快乐的时刻，但沉浸于独处的小时光中也能让你感到快乐。

此外，如果你发现自己正沉浸于这些感恩的小时刻，同时立刻感受到"如果一切都被焚毁并消失会怎么样"的颤抖，一定要好好留意。你的意识可以成为所有工具中最有力的一个。这也引出了我的下一个观点……

4. **你必须保持专注**。再观察一下这一章开始时尼莎的故事，实际上，我们不能要求她停止思考她的关系将如何结束。她非常

---

[①] 美国著名歌手、词曲作家、舞者及演员。——编者注

习惯于编造这些灾难故事,而好消息是她知道她在做这件事。

当她意识到她的心在游荡,想着一切都会分崩离析时,我只会请她去做这件事——注意,然后从小处开始实践感恩。去想想她多么喜欢她男朋友的声音和他的笑容。或者她多么热爱她的工作。当然,她也可能会心烦意乱并怀疑她什么时候会被炒鱿鱼,而我会请她继续下去,保持注意,继续努力。

5. 在准备好开始一天的生活之前,你是在选择生活在一个可怕的地方还是一个快乐的地方。这种特殊的模式可能深深地根植于你的内心,所以坚持实践是至关重要的。如果你觉得很多事情对你来说并不足够,那么开始集中你的注意力吧。在清晨,你认为自己睡眠不足吗?吃早餐并考虑去杂货店购物时,你是不是担心没有足够的钱?去上班时,你是不是认为自己没有足够的时间?

这样做不是要你向自己暗示东西是足够的——我不是在让你欺骗自己。相反,我想让你注意到,是否一开始你就有了这些想法。如果你的大部分想法都停留在你缺乏的东西上,那也难怪你常常不开心了。有时候,在进行感恩之前,我们需要注意到自己正生活在匮乏之中,然后通过用一种没有偏见的方式去思考,选择性地绕开它。

例如,当你开始工作,并感觉自己没有足够的时间来做你的项目时,不要陷入一种"我没有足够的时间/没有人关心这个项目/我的老板是一个混蛋/这很糟糕"的心态,试一试别的吧。试着关注"你认为自己没有足够的时间"这个想法,然后继续想想那些你在工作中可以控制的事情。特别是当无力争取更多的工作时间或不愿意采取行动去做出改变时，担心你没有足够的时间对你根本没有丝毫用处。

你对它的抱怨（无论是发泄在脑子里，还是大声说出来）对你来说没有帮助，事实上它只会让你不开心。有时候，感恩的第一步是注意到自己生活在匮乏之中，然后你就可以远离它，并且专注于你生命中的美好了。

6. 你的快乐和感恩不能依赖别人。换句话说，要是希望别人让你感到快乐，并为你创造出让你感恩的事物，那你可得等很长时间。

事实上，没有人提交成为你的"快乐实现者"的申请表。快乐和感恩不该由你的孩子、伴侣、工作，甚至你的狗来负责（尽管他们往往在这方面做得很好）。你要对自己的快乐程度负全责。

## 一个任务

我的客户阿曼达是一位大师级的灾难恐惧者。她会快速地查看和担忧生活中发生的困难或消极的事情，却彻底略过了美好和快乐。我交给她一个有意识地走进快乐的任务。我让她发电子邮件给她最亲密的一小部分朋友（她确定会关心自己的人），并请求他们给她发几句话，内容是关于他们为什么喜欢她。这个任务的难度对她来说，可能不亚于打扫整个美国的所有公共厕所。一想到不仅仅要请求别人，还要读他们回复的内容，她就感到非常不自在。

我给她安排这个任务不是为了增强她的自尊心，而是因为体验这样的快乐对她来说太难了。为悲剧彩排的人们会因为回避赞誉、表扬和爱的感恩而远近闻名。

而且，这个任务不仅仅包括检查邮箱和浏览她收到的电子邮件。我想让她慢慢地读它们，把这些人传递给她的爱的话语都记下来。去接受这份礼物。去感受快乐带来的不舒适。灾难恐惧成瘾者需要试着去做这类事情。我们太过习惯于略过爱情和幸福，总是把注意力集中在我们的缺点或事情可能如何出错上。实际上，我们需要有意识地去练习快乐和喜悦。

阿曼达做了这项任务，让她惊愕的是，人们都很乐意回复她，他们中的大多数人说了不少话。她说坐在那儿把这些话看完很难——她内心的自我批评对此喋喋不休，但在最后她爱上了这项练习，因为它向她证明了爱和快乐对她的个人成长、自信和对她自己的爱有多重要。

如果你像阿曼达一样，我也邀请你做这个任务。你甚至可以通过承诺的方式来简化它，下一次当有人赞美你或对你表达感恩之情时，停下来，花点时间去接受它。

## 快　乐

无论你是一个大师级的灾难恐惧者或仅仅是一个快乐回避者，你都已经花了太多时间避免感受快乐，你可能想知道真正的快乐实际上是什么感觉。那种快乐能够让你喘不过气来，让你跪倒在地；那种快乐让你仿佛置身梦中——可那又不是梦，你知道它真实地发生着;那种快乐简直能让时间停止。

快乐并不存在于表面层次上,快乐在你的骨头和细胞里。而且我们所有人都有能力去感受并体验它。

你的心仿佛会爆炸,你仿佛有能力在不快乐的地方待更久。识别出那些对悲剧的彩排、为推托找的借口和想要把它赶走的想法,用留在快乐之中的选择取而代之。我让几个同事向我描述了一下快乐,而以下这句话是米歇尔·沃德(Michelle Ward)告诉我的,当我问这个问题时她正在经历第二次乳腺癌化疗,她说:"快乐就像我的心脏马上就要幸福地爆炸一样。当我环顾四周时,我意识到我可真是太幸运,不管我面对着什么糟糕的事(比如,哦,癌症)。"

我希望你查看一下你自己的生活,并且问问自己,你是不是真的感到快乐,还是因为认为快乐太冒险了而把它推到一边去?这是你的选择。你可以保持"安全"或者追求美好。如果你愿意接受,快乐就是生命给你的礼物。这完全取决于你。虽然不舒服,但它仍旧是你的选择。

**问自己一些难题**

- 如果你是一个灾难恐惧者,你最常将什么事情灾难化?
- 当你沉溺于对悲剧彩排的想法中,你在逃避生活中的什么感觉?

- 什么事件会触发你不舒服的感觉?
- 你的感恩实践是什么样子的?如果还没实践过,你能对此承诺些什么?
- 你允许自己体验真正的快乐吗?如果没有,你愿意去做些什么尝试?

第 12 章

# 指责游戏
## ——让你走上隔绝之路的车票

这都是他们的错。

啊,那感觉很好,不是吗?有时候指责就像一张温暖舒适的毯子。当事情变得艰难时,我们可以把自己包裹在里面。

有些女性将指责当作一种自我保护机制,希望它能保护自己免受伤害,并让自己看起来不会很糟糕。指责是在逃避,是在让我们放弃责任。那种方式很容易。指责使人们有可能把矛头指向身边的人或事,而不是解决真正的问题。指责别人时,我们会觉得自己高高在上。

指责别人给了我们逃避自身问题的许可。我有一段持续了很长时间的带有指责的感情纠葛。在我的第一次婚姻中,我把一切都归咎于我的丈夫。当然,他待我不好,并且对我做了一些很差劲的事,但那时候我从来没有审视过自己的问题。当我们的婚姻顾问第一次指出了我的一些缺陷和改进的方法时,我目瞪口呆,感觉被侮辱了。她难道看不出这都是他的错吗?她难道不认为他需要对他制造的烂摊子负全责吗?而且只要他这么做了,我们的所有问题都会解决,我只是不明白。我被他伤害了,我确信他才是那个应该承受全部指责的人。

回顾过去,我现在明白之所以我对他很生气,不仅因为他做了伤害我的事，还因为他不愿意改。我迫切地希望他改变，但我也在指责他让我感受到了我不想感受的情感。我不希望自己生气，我不想感受到愤怒、恐惧和沮丧。随着时间流逝，我对他的指责积累得越来越多，越来越强烈。

　　对他人的责备，阻碍了我们对他人感同身受和与他人沟通。控诉或指责实际上阻止了我们承认他人的感受。无法感同身受时，我们就失去了沟通的能力。指责别人时，我们卸下了自己的所有责任。举个例子，假设你的朋友向你承认她和她青春期的儿子有了矛盾。她知道他出去聚会时吸毒了。你回答说："我不知道……也许你的离婚对他造成了打击，而他的行为也是由此而来的。"

　　呃，对吧？有时候我们很难表达同理心或发现我们自己和别人同样痛苦。转而指责某个人或某件事看起来要容易得多。我们不会想要做一个对朋友来说没心没肺的蠢货（我们本意是好的，并且想要去帮助她），但当她向我们吐露她的痛苦时，有时我们只是想努力解决问题。我们可能会想到相同处境之下的我们自己的孩子，或者只是不知道说什么或做什么才能帮到她。所以，我们指责了她。

　　对于你来说，重视指责可能出现的地方是很重要的。你可能明确地指责别人，就像我对前夫做的那样；也可能不那么明显，比如上面的朋友儿子的例子。无论是哪一种，当指责抬起它丑陋的头时，把它认出来对我们来说很重要。

## 如何解决它

当指责变成一个习惯时,我们便很难将之停下来。这要求你在悬崖勒马的同时对自己的生活负起责任。我不是说你应该让那些混蛋逍遥法外——人们确实需要为那些令人不快的选择和自己的责任付出代价。但是,你如果真的相信,只有当人们不再故意作乱时,自己才能感到快乐,就需要学习改掉指责这个习惯了。通常情况下,我们即使确信错全是别人的,也可以在某些事情上做出改进。

> 你如果真的相信,只有当人们不再故意作乱了时,自己才能感到快乐,就需要学习改掉指责这个习惯了。通常情况下,我们即使确信错全是别人的,也可以在某些事情上做出改进。

### 自我清点

清点导致你指责别人的情境。其中一些可能很明显,比如,你不断地向每个人抱怨你的老板,即使你没有和他就这个问题沟通过。审视我们的指责行为要求我们让自己脆弱一点,这向来都不让人舒服。所以再强调一次,指责行为有时是个更方便快捷的选择,但它永远不会使你产生自豪感,也不会让你幸福下去。

现在,花一些时间思考一下,在什么时候你很难认真倾听。前文关于那个朋友和她青春期的儿子的例子,说明我们有时会出错。除非她明确地征求你的意见，否则应该不是想找人指责自己，或者寻求解决问题的建议。她希望有人看到和听到她的痛苦。这对你们两个来说都不舒服，我知道，但是真正的人际关系是一种让每个人开心的工具，其中也包括你。和她一起置身于她的痛苦中，意味着你必须克服自己的不适。

**查看潜在的问题**

你需要查看一下过去发生的事吗？包括任何被你的指责赶走的未解决的事？

未解决的童年和家庭问题常常会让人染上指责别人的习惯。是的，你可能只是翻了一下白眼并想着："我都35/45/55岁了，真的需要处理这些吗？"而我的回答是肯定的。我们会把这些问题带进我们成年后的友谊和亲密关系之中。你得检查和处理这些问题。记住，当我们从过去的人际关系中查看我们的童年问题或事项时，必须注意，不要期望别人对他们的行为负责。我们不可能总是如愿得到自认应得的东西。很多时候，他们不会道歉或请求我们的原谅，但这并不意味着我们可以继续把所有的责任都推到他们身上。在这样做时，我们仍然是受害者和烈士，这使我们无法继续前进，改善我们自己。

此外，我相信有时女性指责别人是因为她们生气，同时不知道该如何表达自己。指责是一种更消极的表达这种愤怒的方式。这样更安静，不那么咄咄逼人。但在内心深处，愤怒正在从小火慢炖转向全面沸腾。当指责升级为对别人的猛烈抨击时，你不仅仅是在评论别人的缺点,还是在呐喊,同时因为别人的行为而心烦意乱。

（只是附带说明一下：如果你希望别人倾听你的话,如果你想让那个人知道你的愤怒从何而来,并且改善你们之间的关系,那么大发雷霆并不是最佳捷径。如果你正在勃然大怒,那么没有人会说:"是的！我很高兴你对我大喊大叫。这让我觉得舒服些了,我也听取了你的反馈,并且会照你希望的样子改变。"）

然而,我确实认为生气（甚至愤怒）有它们的用武之地。我所交谈过的大多数女性都不喜欢它们。她们有一些人说自己有一个容易愤怒的家长,那让她们恐惧,一些人说她们害怕自己生气和愤怒,因为那样的话,她们会觉得自己失去了控制,同时许多人承认她们已经学会了把怒气憋回去。

例如,我有一个客户,米兰达,她的丈夫有了外遇。他们已经和解了,并且她正试图驾驭自己的情感。很明显,她正在与对另一个女人的情感做着斗争,但她并没有表达出来。我给她安排了一个任务：写信给那个女人（但不以把信寄出去为目的）。我想让她没有任何保留、毫不留情地把它写出来,带着她的一切愤怒。我告诉她给这份文件设置一个密码,这样除了她自己,就没人能看到它了。

后来,她告诉我她写的东西让她吃惊。她没有意识到她是那么生气,那么愤怒,那么恨另一个女人。让怒气发泄出来是有益于健康的,能使人开阔眼界,让疗愈过程有个好的开始。

我的观点是,你的愤怒是正当的,它需要被表达出来,并且它不会杀死你。就算没有表达出来，它最终也将找到一个突破口。请将你的生气和愤怒当作情报，它们意味着有事正在发生。在通常情况下，这两种情感来源于受伤和恐惧。从这里深入挖掘下去，并问问自己到底发生了什么。这可能很简单，像"注意到你的愤怒"和"问问自己是什么伤害了你"那样简单。你为什么人或事而愤怒？什么样的处境让你愤怒？这些信息将帮助你总结你的价值认知（详见第15章），看看自己是否需要划定界限，同时是否需要承担任何责任。

**问问自己你在忍受什么**

  还记得前文中我上一段婚姻的例子吗？在那时我不想审视自己。如果我挖掘得更深入些，如果暂停指责并承认我的婚姻中有严重的漏洞，我就不得不做出离开的决定了。一半的难题根源于我自己那些从未浮出水面的问题，更不用说处理它们了。也许我在内心深处知道，离开是拯救我的灵魂的唯一方法。深入检查并做出离开这个决定是痛苦的，我选择了指责，也就是，等待他去改变，等待他去解决我们之间的问题。如果把责任推到他身上，我就可以因状况没有得到改善而继续指责他。换句话说，我是在忍受一段对我来说已经长期不适用，却碍于恐惧而不敢离开的关系。

  那么，你在忍受什么呢？你在哪些方面把责任推到了别人身上，而不是为自己设置界限或干脆离开？

**专注于解决方法**

当我们指责别人时,我们专注的是问题。我很确定你想要一个解决方法(而如果你不想要,那就是另一回事了),所以当你发现自己在玩指责游戏时,问问自己:"有什么可行的解决方法?"很多时候,这个解决方法再次涉及那个叫脆弱的东西。

解决方法可能包括:进行一次艰难的谈话、设定一个边界、离开一段关系、看一看你自己的问题,感受你的情感……你理解了吗?它们可能不是你期望在待办事项清单上列出的事情,却是必要的事情。

停止指责和掌控你自己的幸福需要勇气。它要求我们展现出极大的成熟度。请记住,指责将驱使你远离他人,并因此远离你的满足感和成就感。但是在这里拨正航向和扛起责任,必定会使你更接近最好的自己。

**问自己一些难题**

- 你是如何不去倾听别人的话的?换言之,当人们试图向你求助时,你是不是会试图为他们指出如何可以做得更好?
- 你的生活中有什么值得你去检查的吗?包括任何未解决的、被你的指责赶走的事?
- 你有没有未表达出来的愤怒?如果有,你因"踩到"

了什么而如此愤怒？你能用何种健康的方式去处理它？

- 在你的生活中，有什么你正在忍受的，需要对它设立边界或从中脱身的事情吗？如果有，你会怎么办？

第 13 章

# 零在意心态
## ——犬儒主义类固醇

这几天有东西在流传,你可能已经见过它了。不,它不是一种新的性传染病,但是可能同样危险。它就是社交媒体上的励志帖,和谈论不要在意其他人想法的自助文章,以及关于"零在意"的一套理念。我们发现这种"零在意"心态无处不在,这似乎是时下流行的态度。

当有人这样做时,会是什么样子?当一位女性发自内心地接纳了这个观念,并在她的生活中实施时,会发生什么?

零在意者外表强硬——她把别人推开,让别人相信她不在意任何人或任何事。这似乎是一种很好的生活方式,对吗?特别是由于之前受到过伤害,她相信自己如果保持这种零在意的心态,就不会再受到伤害了。她看起来对这种习惯怀有一种自豪感。这简直是一场高度独立的胜利!

举个例子,也许她经历了分手或离婚,而且过程很粗暴。当她的朋友问起她感觉怎么样时,她并不是敞开心扉说自己有多痛苦,而是说:"我不在乎他做了什么……我不屑一顾!"

或者当她把作品放到网上时,她受到了批评。有人把作品贬得一文不值,说她没有天赋。或者在开会讨论工作时,她受到了训斥。她并没有告诉她的朋友自己很沮丧,而是试图让每个人相信她的状态很好，所有批评都是愚蠢的，她真的不在意。

火上浇油的是，她好心的朋友可能会鼓励她这样做。当事情发生时，他们会说："噢，亲爱的，你完全不用在意那些人说了什么！他们不重要！他们就是棍子和石头，宝贝，棍子和石头！"

但问题是这些女性实际上是在意的。她们在意，她们受了很重的伤。分手让她们痛苦，她们的心都碎了，她们感觉天都塌了。她们不仅花了大量的时间和精力努力让自己不去在意，还要让自己和其他人相信这是真的。这太累人了！

但是，这种零在意的心态真的那么糟糕吗？

让我稍微解释一下。你可能认为我对这三个字很严苛。诚实地说，从表面上看，这种零在意的心态本身并不全是有害的。比如用这种方式解读：竭力抓住生活，追求你想要的东西。不要让别人阻碍你。不要因对评头论足、批评和他人观点的恐惧而变得小题大做。走自己的路，让别人说去吧。

这是一种极好的观点，对吧？我可以挥动拳头给它打气。别人说了这么多废话，因为我们的想法、观点、目标和梦想而批判我们，所以我们到底应该给他们多少在意呢？哦，是的，零。

然而，这种心态却反映出非黑即白的极端化思考方式：我们要么在意每个人对我们的看法，要么谁的看法都不在意。这种习惯属于一种"全或无"的文化。

完全无视别人的想法和意见并不是一种健康的行为。这样的行为违背了社会规范。那些实际上有着零在意心态的人有一个共同的名字。

他们被称为"反社会者"。

我想你如果正在阅读本文,就不是一个反社会者(因为大多数反社会者不会在意个人成长,他们正忙着在不知不觉中成为混蛋)。

但严格来说,真正不在意别人的人只有精神病患者,他们单纯是没有能力与真实的人交往。

## 什么是平衡

让我从会使人们犯错误的地方开始谈起。他们听到"不要在意别人对你的看法"或"保持零在意",并感觉那就像个巨大、崇高的目标。我们中的许多人花了大部分时间关心别人的想法,把我们的行为、决定、想法和几乎一切都建立在我们认为别人具有的想法上(注意我说的是"我们认为别人具有的",因为在大部分的时间里,我们根本不知道别人在想什么)。我们如果真想做超出我们舒适区的事,就会很在意其他人说的话。我想大多数人都知道那种感觉。

那么,我们怎样才能找到平衡呢?你可以把它看成一个光谱。在一端是那些真正不在意任何人或任何事的疯狂的人,也就是字面意义上的"零在意"人群。说实话,他们中的大多数人可能是连环杀手或毒枭,而不是你在现实生活中真正与之交往的人。

在光谱的另一端是那些过于在意别人的人(这对陪护服务者来说是个不错的标签,不是吗)。大多数人都站在那边,他们非常在意别人的想法，会因为恐惧和优柔寡断而感到束手无策，为取悦别人而东奔西跑，寻求别人的赞同，让自己陷入过度的劳累中。

（如果这就是你，而你现在感觉这样的自己很糟糕，那么听好了：在生物学层面上，我们需要归属感。我们希望知道身边的人喜欢、支持我们。请仔细阅读第 7 章。你还有希望！）

我认为我们都应该在这个光谱的中间位置——适度地在意别人的看法。在你的生活中，应该有一份很短的人物名单，他们的意见和反馈是你真正需要的。回想一下有多少次你用过这样的措辞："嗯，我不能这么做，因为每个人都会认为我很愚蠢。"你说的每个人是谁呢？是那个今天早上为你冲拿铁咖啡的男人？还是立陶宛的全部人口？当涉及倾听别人的意见时，我们需要让我们的世界变得更小。

以我为例，我在意我丈夫对我抚养孩子的方式的看法。当我们一起抚养孩子时，我需要考虑他的意见。我可能不同意他的每一个观点，但我在意他对我的看法。我对我最亲密的同事怎样看待我的新事业感兴趣。他们支持我，我信任他们，我需要他们。如果我真的毫不在意他们中的任何一个，你能想象事情会变成什么样吗？我最终会与那些对我来说真的有意义的人分开，我就不会拥有强大的、能提供支持且值得信赖的亲密关系，我将孤身一人。

然而，也有些事情我其实并不在意，比如按照社会标准，我应该"表现得像个淑女"，或是统计数据显示大多数企业会在创业 5 年内失败，又或是有人匿名批评我的作品。如果太在意这些事情，我就没有时间追求我的梦想了。我会每天都烦恼于别人（很多陌生人）的看法。

你清楚其中的区别了吗？

## 即使了不起的名人也会在意

当作家格伦农·道尔·梅尔顿继续创作她的书《爱之勇士》（*Love Warrior*）时，她曾接受喜剧演员、脱口秀主持人切尔西·汉德勒（Chelsea Handler）的采访。听说过切尔西的人可能认为她是一个"零在意"的女人。她很直率，总是心里有什么就说什么，并且看起来毫不在意自己偶尔的不合时宜。

在她们的交谈中，切尔西从格伦农的书中抽出了一段特别的摘录："'格伦农，她只是毫不在意。'她的前男友说。格伦农明白这是对一个女人的终极赞美。她也明白这并不是赞美。任何毫不在意的女人只是放弃了她的灵魂去坚持规则。世上没有女人真的毫不在意。没有女人那么酷。她只是把自己的热情藏了起来。"切尔西大声地阅读这段摘录，并对格伦农说："这是真的，因为人们一直在这样对我说：'切尔西，你毫不在意。'我当然在意！我在意。我一直试图努力不去在意。这让我筋疲力尽。但你必须继续这样做，因为每个人都期待你这样做。但是我很在意，就像其他人一样。"

听到这次交谈时，我差一点从椅子上摔了下来。切尔西·汉德勒——一个有着不在意别人想法的态度的女人，承认她在意。

这个被大多数人认为拥有一些使她能够不在意别人想法的特殊的DNA的女人，告诉我们她被努力不去在意弄得筋疲力尽。所以女士们，滑稽表演结束了。让我们看看如何解决这个问题，并找到一些平衡点。

## 如何解决它

我记得在2008年，我第一次重新开始写作，这之前我已经12年不曾动笔了。起初，我只是带着点儿粗心大意尽情写了一些文字，没想到有人会阅读它。然后人们开始阅读并告诉我他们喜欢它。随着时间的推移，一小部分人读了我的博客，不喜欢它。他们不同意我的观点，不喜欢我的写作风格，并批评我的语法。甚至有几个人出言不逊，这让我感觉很不好。也许有成千上万的人喜欢我的作品，只有5个人不是。

读了那一小部分人的批评和评价，我有点想放弃写作。我太在意别人怎么想了。我不能容忍负面评价，哪怕来源只是几个人。这感觉像是有成千上万的人在批评我。所以我向前辈寻求帮助。

"你是怎么做到的？"我问其他的博客作者，"当你受到批评时你是怎么做到继续发布作品的？"我得到的建议大部分都是这样的："你只要根本不去在意就行。你不能太过感情用事；你只要不把他们的话放在心上。学会对它一笑置之，一点都不在乎。"

嗯，好吧。

你是怎么做到的呢？当我追问时，她们耸耸肩，回答说：

"你只要尽你最大的努力不去在意就好。"什么?!

我的意思是,谁这样做了?把自己的作品发表到这个世界上,笑容满面,并为自己所创造的东西感到自豪,却遭遇那些向自己扔烂番茄的刻薄人时,谁能做到就把这件事撇开,就好像它只是发生在另一天的事一样?

我觉得自己有点不对劲,因为我太在意了。我认为自己太敏感了。也许我不适合把我的作品发表在这个世界上。那些建议我仅仅不要太过感情用事的作者们,有着某种我没有的大脑芯片。哦,我是多么拼命地想不去在意。我想成为那些"零在意"人群的一员。但是,如何才能做到呢?

直到几年之后,我和那些输出观点、想法和作品的其他人有了更多交流,我终于弄清了真相。大多数人都很在意别人的想法。他们就像我一样;他们感受到了别人的批评和评价的最初的刺痛,而他们不得不工作,集中注意力,并故意忽视自己的情感。换句话说,他们收到了自己正在受到伤害的反馈,却能够把那种伤害和事实分隔开。那些别人的伤害话语并不能定义自己是谁。

> 他们收到了自己正在受到伤害的反馈,却能够把那种伤害和事实分隔开。那些别人的伤害话语并不能定义自己是谁。

而你,我亲爱的、叛逆的读者,你的体内也有力量,能够了解并达成一个平衡,既能对不重要的意见"零在意",又能认真考虑别人给出的对你重要的意见。

## 1平方英寸的方格

在接受勇敢之路训练营™引导师培训时,我做过这样一项练习:在一张纸上画一个面积为1平方英寸(约6.45平方厘米)的方格,然后在方格里写下一些人的名字,他们的反馈对我们来说很重要。有些人惊呼:"但我需要比这更大的空间来列出所有的人!"亲爱的,如果你需要面积超过1平方英寸的方格,那说明你需要缩短清单了。这个练习会提醒你,你是如何紧紧抓住这个想法不放的:别人的意见和反馈真的很重要。在下面你会看到一个1平方英寸的方格,而我邀请你拿出笔,在上面写上一些名字。

这个简短的名单上的人是那些关心你的人,不管你是成功还是失败。他们爱你因为你是你。当你需要他们时,他们会出现在你面前,而你可以依靠他们。这些人紧密地贴近你的内心。

最幸福的人清楚地知道谁应该待在方格里。这些人能够缓解来自方格外面的人批评的刺痛。

虽然能够控制它是件好事,但有时你还是忍不住想获得别人的反馈,或聆听那些喜欢说你做错了的人的评论——无论在养育子女、为人妻子,还是职场表现方面,你就是把日子过错了。正如我在第7章中提到的,所有这些意见和批评都可能成为触发事件,现在你可以做一个快速的清点,并且看一看那些用言辞抨击你的人是否在你的方格里。你可以大胆告诉他们:"你不在我的方格里!"当你原谅了自己并走开时,同时看看他们脸上困惑的表情。

那么对于那些在方格里的人呢?那些你很在意他们的评价的人?我们要如何采纳他们的意见,又不让这支配我们对自身的整体评价?对我来说,和像我的丈夫、密友一样的人在一起时,我可以听一听他们是如何看待我的决定和行为的,并克服我的恐惧,把它当成反馈好好收下。有时候他们的观察确实很有价值,我可以用它们来提升自己。

以下这些则不是一个良好的反馈该有的样子:要是接受他们所说的话,我内心的自我批评会告诉我,我错了,我是白痴,我应该改变自己的一切。那种反应告诉我,我还需要在自我对话方面做很多工作(详见第1章)。当你能分辨出反馈的好坏时,你本人和你的人际关系将受益匪浅。

## 清　点

想一想你在生活中的哪些方面过度在意别人的想法。也许是你的事业、你的身体、你未来的目标。有人可能针对其中一个或多个方面说了一些让你痛苦的话,这使你心中的钟摆摆动到相反的方向——建立防护墙并表现出"零在意"的态度。我的好姐妹，退后一步。就算某人给你的反馈很糟糕，或者你真的被侮辱了，也不意味着只要把这个世界拒之门外，你就能在未来解决这个问题。它不会使你免受伤害，也不能保证这样的事不会再次发生。它只意味着你把这个世界拒之门外了，同时没有任何东西（即使是好东西）能够进入你的内心。而我相信那不是你想要的结果。

**弄清楚**

如果人们知道，你确实在意生活中某些你认为自己"不该"在意的事情，你觉得会发生什么呢？举个例子，比如你正在经历一次分手，而对方是个十足的混蛋。这段感情的终结是亲朋好友喜闻乐见的，因为这样他们就不会再看到你受伤了。你也摆出一副很高兴它已经结束的姿态，同时你宣称自己憎恨前任。

然而……你在悲伤。在某种程度上，你仍旧要经历正常的悲伤和痛苦之情，这些情感通常伴随着分手产生。也许你觉得如果有人知道你的真实感受，自己就会被当成一个乐于吃苦头的懦夫、一个白痴。所以你把情感藏起来，假装自己不在乎。

你所能做的是告诉一个可信的富有同情心的见证者，你知道你的恋爱关系不是最健康的关系，你确信它能结束是真的好极了，但是你仍然觉得难过。你也可以通过表达、吐露"它是可怕的"这个秘密，练习在那些时刻脆弱下来，以及你可以对_____感到恐惧。（请在空白处填写答案）

**找到平衡**

既然你列出了能够给你真正重要的反馈的人，接下来，就拿出一张纸或你的日记本，写下对你来说其意见、判断和批评无关紧要的人（们）。这通常包括匿名的批评者，你自己的内心批评家或给出来路不明的、你并不需要的或没有主动要求过的反馈的人。这个名单可能包括你的朋友、同事、邻居和点头之交，但如果所有这些人都在你的方格里，你就会再次回到"过于在意"的状态。做这个练习时，你可能会遇到一个问题："如果'我不在意'名单里有我的妈妈，怎么办？"可以，非常好。我不会告诉任何人的，我保证。仅凭家庭成员的身份并不足以进入你的方格。如果你不能像信任方格里的人一样信任他们，他们就不能进来。

把注意力放在最初那个更短的清单上，尽力无视来自别人的噪音，你就会找到平衡。

如果你一直装作一副真的不在意的姿态，那么我建议你考虑一下你的第一步，就是推倒那些防护墙。我 100% 确定你的冷淡态度并不能帮助你解决问题或治愈你。它实际上会让你陷入困境，同时让你更不开心。你不仅在试图做不可能的事（把已经存在的情感推走），而且在试图让人们相信你不需要他们。可事实上你需要，你非常需要他们。

## 问自己一些难题

- 当你装作毫不在意时,你觉得自己从中得到了什么?换句话说,你认为它是如何保护你的,或者你认为它是如何让你的生活变得更好的?
- 当你收到伤害性的反馈时,你会认为一切都与你有关吗?如果是这样,你认为自己怎么才能摆脱那样的状态?
- 你的生活中是否有一个特定的方面让你觉得自己过分在意了,为什么?
- 你是否过多在意某些事情,并因这种过分在意而评判自己?你害怕其他人这样做吗?如果事实如此,为了处理它,你会如何重视它?
- 谁有资格进入你的方格里?你需要把谁排除在外?

第 14 章

# 没人喜欢一个懒虫
## ——过度成就的缺点

让我说清楚些。我喜欢成就。我喜欢设定目标，达成目标，庆祝胜利，并树立新的目标。我喜欢将我的待办事项清单上的事情一一划掉，当我发现自己在做某些没有列在待办事项清单上的事情，我会简单地把它加到清单上，这样就能尽情享受勾选标记的过程了。（很多人都会这样做，对吧？）

我口中的过度成就，并不是你认为的常规的、一般的目标设定。过度成就是让你的成绩定义你本身。它把你的自我价值建立在你完成了多少事情和做得有多好的基础上。

过度成就很像完美主义，但它是一个有着特殊和狡猾之处的怪物。过度成就者相信：我的成就即是我。我如果可以做到更多，达到所有的目标，尽可能地高效多产，并确保每个人都知道，就能免于被批评、评价和抛弃。我的全部自我价值都建立在我所取得的成就以及人们对我的成就和成绩的看法上。过度成就者的脑子里只想着一件事：成就＝安全与爱。

下面是 41 岁的医生苏珊的故事，她是 3 个孩子的母亲。

> 我一直是一个过度成就者。在成长过程中，我每年都是老师的宠儿；我在周末做的第一件事就是完成

所有的家务活（我甚至要求做更多的家务活，这样我看起来会比我那些抱怨的兄弟更乖）。我毕业时是致告别词的学生代表，同时拥有6个学校社团的经验；接着，我去了一所常春藤大学的医学院。我一直在寻找能让我比昨天更好、比别人更好的方法。

直到40岁面临精神崩溃时，我才意识到，自己所做的一切都是因为，除非我尽可能做到更多，否则便不认为自己是一个很好的人或一个有价值的人。我成了那些成就的化身。如果没有它们，我甚至不知道自己是谁。

苏珊的故事并不少见。也许细节看起来与你的故事不同，但我要强调的部分是："除非我尽可能做到更多，否则便不认为自己是一个很好的人或一个有价值的人。我成了那些成就的化身。如果没有它们，我甚至不知道自己是谁。"

过度成就者把自己所有的鸡蛋都放在成就的篮子里。他们往往很擅长搞定问题，所以获得了回报。但随着时间的推移，它变得不再那么令人满足了。和任何"毒品"一样，他们需要更多，而他们觉得做这件事获得的全部回报似乎并不能削减他们的需求。

在大部分时间里，过度成就者往往很焦虑；他们的注意力从不在自己身边的人身上，或者甚至也不能专注于他们正在从事的项目。他们总是在考虑做下一件事。例如，如果一个过度成就者刚刚接受了别人的求婚，那她已经考虑到婚礼的事了，而不会老老实实站在她的未婚夫面前感受着充满爱意和快乐的一瞬间。一天，苏珊梳理了一下自己的生活，她意识到自己的日程安排如此拥挤，简直是三人份的。

> 我会在4点或4点30分起床，锻炼身体，赶邮件，在我的孩子和丈夫起床之前做一些家务活。然后，我会帮助我的孩子为一天做好准备，送他们去上学，然后一整天对着病人。之后，赶紧带着我的孩子们做一些课外活动，回家并做晚饭（通常是我已经准备好的一顿饭，因为我会在星期日花一整天的时间购物，准备好一周的伙食）。然后，协助我的孩子们做家庭作业，洗衣服，完成一些工作，之后在晚上11点或12点时瘫在床上。我精疲力竭，整天依靠咖啡因和肾上腺素让自己维持运转。我要完成所有这一切。对此我自吹自擂，告诉别人我有多忙让我有一种优越感。

**巨大的缺点**

凯伦是一位37岁的澳大利亚女性。和苏珊一样，凯伦发现自己正面临着一种过度成就导致的精神崩溃。

> 我从没想过我的过度成就是一个麻烦或一个问题（或者是导致我极度焦虑的原因）。这是令人羡慕，也是我引以为傲的东西。但是它导致了饮食失调和急性焦虑、抑郁。它影响了我的人际关系，因为我对别人

的期望高得离谱（实际上无法实现），我不明白为什么其他人不能或不愿尝试像我一样努力。我总是把他们的"缺乏努力"归咎于他们不关心我……所以我会抛下那些人际关系。

许多过度成就者以非常高的标准要求自己和周围的每个人。他们不明白为什么人们不试着像他们一样努力，觉得别人是在故意激怒他们，并且常常因别人而沮丧、失望。正如你能想象的那样，那些看法会导致人际关系上的重大冲突。

不仅如此，过度成就者能把自己的精力细分到每一件事情上去，这会使他们丧失专注力。丧失专注力时，你就不能做到尽可能地高效，同时会出现更多差错。我不想戳破你的幻想，但是大量研究表明，多任务处理会降低效率。那么，把这些球都抛在空中的你是在玩杂耍吗？没错，它们都在慢车道上。

过度成就者告诉我，生活中最困扰他们的两个事物是焦虑和失眠。焦虑于不断担心你做得不够多，担心别人会怎么想（详见第7章），而且永远生活在对未来的计划之中。而失眠——这不是很明显吗？你邀请了一只巨大的大象趴在你的胸口睡觉，这只大象大到遮住了你的脸，使你窒息。

## 它来自哪里

你可能认为你只是生来如此。然而关于这一点嘎嘎小姐

(Lady Gaga)能唱上一整天[1],过度成就者不属于这一类。凯伦的故事你在前文听过,让我接着把它讲完吧。

在成长过程中,对我来说过度成就几乎体现在方方面面——从保持我的卧室整洁,到需要在学校成为班级中的尖子生,甚至成为最好的人。后来,它转移到了我的律师工作上,而当这还不够时,它转移到了食物和运动方面。

我认为,过度成就已经发展成一种避免受到妈妈批评的方式了,她在我年少时情绪十分敏感,经常喝酒,所以我花了很多时间努力,确保我能出类拔萃以免惹她生气。同时我努力争取爸爸的关注和认可(他最喜欢的一句话是"如果你不是第一名,你就是最后一名")。他总是告诉我我是多么聪明,"出类拔萃"给我的压力太大了,所以我没有胆量让他失望,但实际上我生活在焦虑的状态中,害怕在某一时刻他(和其他人)会意识到我并不是那么聪明。

也许你的父母本身就是超级过度成就者,自然而然,你也会成为一个过度成就者。也许你有一个为你设定了高标准的"虎妈",只在你超水平发挥时才称赞你。或者,也许和凯伦一样,你

---

[1] 美国流行歌手嘎嘎小姐的《天生完美》(Born This Way),又译《生来如此》。——译者注

也有一个"离职的"父（母），你总是觉得需要努力获得他（们）的关注。不管情况如何，有时候揭开这种行为的起源对你很有帮助——不是为了让你拿起电话，向你的父母大嚷大叫，而是为了让你看到整体情况，并试图挑战你创造的关于过度成就的信念，这样你就可以改变它们了。

但也许这些迹象对你来说不是那么明显。很有可能你的父母从来没有把你逼得太紧，或者你从来没有遇到过需要通过成就来获取父母的关注和爱的情感障碍。也许这只是多年来你在头脑中创造出的东西，因为过度成就使你感到安全。也许你注意到了自己从成就中得到的赞扬，并以此鞭策自己，同时总是想要得到更多。

## 如何解决它

我要说些可能让你惊讶的话。如果你是一个过度成就者，我不会建议你少做一些事。比如要求你最多只能把 6 件事情放在待办事项清单上，或者说："你需要冷静一下。"我不会告诉你别早上一醒来就查看电子邮件。你是个实干家，它已经成了你的一部分，很可能是你人格的一部分。然而，我们确实需要坐下来好好谈谈。你仍然可以做所有你想做的事情，但我希望你仔细审视这一切。这里有几件事需要你考虑。

1. 先说最重要的——你的身体健康。你的睡眠质量好吗？你有长期的焦虑症状吗？你有肠道易激综合征吗？是的，其中一些症状可能是你生活中的其他因素造成的，但我敢用奥普拉①的全部身家来打赌，如果你有一些健康问题，并且是一个过度成就者，那么这个习惯（除此之外还有完美主义和寻求认同，也许为了好玩可以把控制行为和冒充者综合征丢进去）便是这些症状的主要成因。人类的身体可不能总是工作永不停息。

2. 清点一下你的人际关系。鉴于你的待办事项清单总是那么满，你的伴侣会感觉被忽视了吗？你的孩子们是否也感觉到了沉重的压力？你工作上的进展如何？你是否这样想过，在生命的最后时刻要用怎样一句话概括这一生？"她，一生获得了最多的成就，是个胜利者"？还是"她，曾为人际关系而努力，并付出真心实意，是个胜利者"？你看出其中巨大的差异了吗？

3. 看一看你做了什么来照顾你的情感健康。任何一本自助类的书都会告诉你，矫正"用成就和效率来提升自我价值"的方法是休息，安静下来，并享受乐趣。我也不例外，但因为我知道你会在这些指令中迷失自己，所以希望你能听一分钟，鉴于我有一种很确定的预感，我知道这个让人难以接受的真相——关于你为什么拒绝慢下来，并拒绝不做你所做的一切事情的奴隶。

## 慢下来，休息，检查一下

与这本书的其他习惯一样，当你追求过度成就时，便是在逃

---

① 奥普拉·温弗里（Oprah Winfrey），她是美国第一位黑人亿万富翁，个人财富达 10 亿美元。——译者注

避正发生在你的生活中需要你检查的糟糕的事。例如，也许你的婚姻陷入了麻烦。你没有选择和你的伴侣好好谈话，单独（或和爱人一起）去做心理治疗，或分手，与之相反，你选择做，做，做更多事。转移你的注意力，把所有的精力放在待办事项清单上，暂时让自己感觉很好。

不幸的是，那些没处理好的东西都在等着你，并且会继续等你，它们越是得不到处理，可能会变得越糟。

安静下来，放慢脚步，休息一下，你可能无法避免思考生活中不顺心的事，并感受到与此有关的所有情感。你如果是一个典型的过度成就者，可能唯恐避之不及。

真的静下来时，大多数过度成就者会很害怕，对于他们来说，休息的感觉就像死亡。如果你也如此，我建议你稍微留意一下自己在怕什么。我不是要你花一个小时冥想或休息一整天。我所建议的就只是让你挑战自己在借以逃避的东西。表面上，你可能会说，你不想忽视你的待办事项清单，但是好姐妹，你骗不了我。你到底在逃避什么？如果你觉得这个问题太宏大了，那就取出你的日记本，带着问题坐下来，然后回答它。

**拥抱失败**

"每有一个过度成就者失败，一条小狗就会死去。"

也许这个句子被你悬挂在了壁炉上方或办公室里。你如果是一个过度成就者，就可能把失败当成你个人的代表。失败意味着"我是一个失败者"。

我想让你明白一些事情，而且我希望你能从骨子里理解这一点。我对你的希望是，在所有你做得很棒的事情上继续保持很棒的状态，因为你擅长它。与此同时，我想让你知道并相信，拥抱失败是让你变得更好的过程中的一部分。也许失败只是一个可怕的词，因为我们的文化对它有误解。没有失败，就没有学习。没有失败，就没有进步。没有失败，就没有创造力和改变。最聪明的、最具创新精神的、最了不起的领导者都失败过，但他们会继续失败。如果你不得不这样，那么请每天提醒自己：如果停止犯错，你就停止了学习和成长。

---

> 我想让你知道并相信，拥抱失败是让你变得更好的
> 过程中的一部分

---

当你失败时，立志让失败变得有价值。让它刺痛你（因为它很可能会），观察你的自我对话，承认失败是你进步的关键，并且尽快、有意识地检查你从这次失败中学到的东西。希望通过这样做，你便不再把失败看成一件不吉利的、需要避免的事情，而仅仅把它当作成为最好的自己的必要途径。

**而你在和谁竞争**

作为一个过度成就者，你可能会发现自己在与别人竞争。我认为有些人天生就有竞争意识，而有时它可以使你卷入一个过度成就的疯狂派对。想成为一个最好的人，想击败某个特定的人或

者成为团队中的第一名,这些想法都可以迫使你做超出能力范围的事。这种情况会出现很多,如果你从事的是销售类或有提成的工作,自然是做得越多越好。但也要知道你的极限。这样做似乎是合理的,但作为一个过度成就者,从事一个鼓励(且离不开)过度成就的工作,对你来说很有可能是火上浇油。你不能改变自己不承认的东西,所以问问自己,发生在你的职业生涯(或你生活中存在竞争的另一个方面)中的事是否正在让你痛苦。

我的朋友伊丽莎白在她的整个生活中是一个典型的过度成就者,而且具有竞争的天性。她从中获益不少,直到有一天她再也不能从中得到任何好处,便开始学习摆脱这种习惯。

> 当我意识到自己正在作为一个"人肉机器"匆忙度日时,我终于问起自己,人类的存在意味着什么。我要去哪里?我在奔向什么?奖品是什么?剧透警告:没有任何奖品!
>
> 思考这些问题对我有很大帮助。我天生求胜心切(多半是自己与自己比较),悬梁刺股,有上进心。这并不是一件坏事。但当我停下来,深呼吸,然后提醒自己,即使我过度发挥也没有任何奖品,便得以看到这一切的谬误时,我可以慢下来,并专注于对我更重要的东西——我的幸福和与我最在意的人之间的关系。这些反过来又使我更加快乐和满足。

要记住：你很了不起。无论你有没有成就，你都很了不起。你，只是你，就算没有你所有的丰功伟绩，你仍然了不起。你越能把潜在的东西层层揭开，开始看到——你很棒，你就是很棒，就越能了解到，即使没有对过度成就的习惯成瘾，在这个世界上，你仍然可以很优秀。

## 问自己一些难题

- 如果你是一个过度成就者，你认为它源于哪里？你愿意做什么来挑战那些被创造出来的信念？
- 你觉得你过度成就的习惯正在如何影响你的生活？
- 为什么不想慢下来和休息，你的内心深处在逃避什么呢？
- 你对失败有什么看法？你需要做些什么来改变你对它的看法？
- 你是一个有竞争意识的人吗？如果是，它在你的生活中起到了怎样积极和消极的作用？

第 15 章

# 价值认知
## ——你的路线图

读到第 15 章，你已经成功地将"让我不开心的事"的清单中的习惯检查完毕。到现在，你可能会想："我能做些什么来确保自己不再退回到这些行为中去？"当我们如此习惯于以默认的模式表现自己，做一些诸如躲藏、追求完美、取悦、指责和控制之类的事情时，我们如何知道我们需要做些什么来让自己感觉更好，并因自己是女性感到自豪呢？你已经读到了每章中的许多工具，但是在钻研一些非常重要的东西——了解和实践你的价值认知之前，我不能完结这本书。

价值认知可能听起来并不吸引人，所以如果你忍不住要跳过这一章，那请听好了——价值认知就是问题所在！当你了解自己的价值认知时，你就会明白生活方式是多么重要。把价值认知看作你的北极星、指南针或路线图。你想知道自己要去哪里，还有那个地方是什么样子的，对吗？好，那么我们就达成共识了，因为这正是你的价值认知将要告诉你的。

这一章是如此重要，因为它将向你展示如何为你的价值认知命名，以及识别出实践它们的选择和行为。你也能在自己陷入麻烦时把它识别出来，同时抛弃那些选择。最终，你将会挑选出你可以求助的人，来帮助你重回正轨。为什么？因为如果你不清楚自己是谁，在追求什么，以及日常生活中的价值认知是什么样子的，那么所有这些工作就都没什么用处了。

> 因为如果你不清楚自己是谁，在追求什么，以及日常生活中的价值认知是什么样子的，那么所有这些工作就都没什么用处了。

这整本书都是关于控制、完美主义、孤僻和取悦别人等习惯的，对吗？但其中有更深一层的内容：当你卷入这些行为中时，你并没有实践你的价值认知。就是这么简单。我很确定你的价值认知不是在以完美的名义杀死你，或一直勉强你做不愿意做的事。

重要的是不要把你的生活建立在指责每个人和他们的母亲（以及你的母亲）的基础上，要为你的价值认知负责。你的价值认知选出的是让你感觉自己很好的东西。

但要是你不知道什么对自己有价值，该怎么办？不要惊慌，那就是我们要在这里解决的问题。

## 找到你认为有价值的东西

我发现那些对自己的价值认知一无所知的人经常问自己这样一个问题："我到底怎么了？"答案在这里：你没有问题。简单地说，你只是不知道对你有价值的东西是什么。

这些年来，在我帮助女性们梳理价值认知的过程中，我发现了一些共同点。想出一份你的价值认知清单可能很棘手，特别在第一次听到它们的重要性时。我将给你们一些常见的价值认知的例子，但首先，我需要你思考一下，以帮助你弄清楚你的个人价值认知可能是什么。

问自己这两个至关重要的问题，并坦白地记录它们。

- 什么对你来说很重要？
- 你的生活方式有什么重要之处？

例如，假如在深层次上始终如一地保持与他人的关系对你来说很重要（即使有的时候并不舒服），那么你可能很看重关系。或者，你在心灵方面有过什么探索（无论是否发生在最近）吗？如果是这样，你可能很重视信仰。在更深的层次上了解自己并努力成为一个更好的人对你来说是不是很重要？如果是这样，那么你可能更看重个人成长。

另一种精确地确认你的价值认知的方法是一种叫作"巅峰体验"的练习。回想你经历过的一段体验，在那时你对自己的决定充满信心，并且为自己感到骄傲——哪怕只是在很短暂的一段时间里。你当时在干什么？你的决定和行为背后的原因是什么？在那段经历中，你探索了自己的哪一部分？

这里有另一个例子。也许之前几年你始终在实践——进行越野跑步，选择健康的食物，并因此感觉身体状态很好。你从中得到的价值认知是身体健康和锻炼身体很重要。你可能也想探索你的巅峰体验，并寻找其他隐藏在那里的不那么明显的价值认知。一个隐藏其中有价值的事物可能是天性。也许当你在户外时，会感觉最脚踏实地，或者也许你会发现独处对你的灵魂有益。并不是"我要一直躲藏起来"这样的独处，而是通过体验大自然的宁静来恢复你的精神，让你找到活着的感觉。

我想提出的一个重要观点是，你可以拥有一个你目前并没有实践的价值认知。对你自己和你过日子的方式来说，它可以很重要，但也许你没有足够的工具、勇气或觉悟实践它。让我们把它们命名为"目标价值认知"。这里最重要的是注意你内心的自我批评，无论你是否实践你的价值认知，它都可能有插手干预和提出意见的倾向。也许你所有的价值认知都是目标价值认知，这很好！这一章的主旨是弄清楚你的价值认知是什么，这样你就可以开始实践它们了。这项工作的最重要内容是，注意到你的目标价值认知和你真正的生活之间的差距。

**深入挖掘**

为了在你寻找有价值的事物的过程中帮到你，我在下面写了一些普遍有价值的事物。

- 勇气
- 平衡
- 真实
- 创造力

- 自由
- 正直/诚实
- 直觉力
- 身体健康

- 乐趣/幽默
- 信仰
- 信任
- 助人/回馈
- 冒险
- 安全
- 个人成长
- 公正

照着上面的清单做是完全没有问题的。它们能成为最普遍的有价值的事物自然有其原因。

快速笔记：在做这个清单时，尽量不要联想到真实的活动或物品。如果在你的名单上出现了"经典小说"，而你认为它们对你有价值，那么请想想阅读经典小说实际上能给你带来什么。你真正渴望的是它们具有的创造性吗？你渴望的是阅读时感受到的宁静和独处的快乐吗？在这项工作中，对你来说重要的不是某个东西，而是它带给你的感受。

记住，对于生活的不同方面，你可能拥有不同的价值认知。例如，总的来说，我生命中最有价值的是勇气、直觉力和正直。然而，对于我的公司来说，它们是领导力、影响力和服务。如果你真的进行了这项练习，或许制作一个简短的清单（包括教养方式、职业生涯以及伙伴关系）比较好。试着不要被它压垮。如果你想让它变得更丰富些，并专注于你全部的生活，那就太棒了！我不希望你散步时也在一直过度关注着价值认知上的分歧。你不需要老是想着你在研究生活中的哪个特定部分。这只是一种方法，可以用来清点你在生活中的表现和检查你需要研究的领域。

**弄清楚**

因为我知道许多亲爱的读者可能正在与完美主义做斗争,并且会担忧别人的看法,所以最后这个练习将帮助你弄清楚你的价值认知是否真是你的。如果它们不是你的,也许你选择它们是因为你认为自己应该按照某种方式生活。

以下是一些关于你的价值认知的规则——它们属于你,并且只属于你。它们不接受别人的裁判、表决或嘲笑。永远。要当心,或许你有这种想法:"帮助别人听起来应该对我很重要。我会选择它。"可当它真的发生时,你感觉并不好。这很正常,没关系。不要把这份清单列成一段炫耀你高贵美德的摘要。没有人监督你,批判你。

价值认知会随着时间的推移而改变——它们会随着生活的变化而变化,所以要保持开放的心态。某些事情也许现在对你不重要,但并不意味着以后也对你不重要。

## 定义现实生活中的价值认知

就像给宝宝起名一样,命名我们的价值认知只是解决方案的一部分。在这一节中,我们要学习做些实事——养育和照料我们的孩子(和我们的价值认知)。现在,让我们深入探究一下,识别出那些实践我们价值认知的行为(同时看在自助的份上,请不要跳过这一部分)。这不足以命名你的价值认知,然而了解它们在你的真实生活中是什么样子,能让你看到自己真正想要的结果,从而获得幸福。

1. 列出两三个你的高级价值认知。你的高级价值认知是那些在你有需要时会给你指明方向的东西。当你面临一个艰难的决定,或者处境十分糟糕时,你需要依靠自己内心的某种东西。这就是你的价值认知。我在后文会给出一些例子,所以如果你不能缩减你的清单,请不要惊慌。

2. 列出实践你的两三个高级价值认知的行为。想一想那些实践你的价值认知的行为,把它们当作组成你的价值认知道路的基石。

让我们从勇气开始,把它当作第一个例子(要注意少数几个实践不同价值认知的行为有相似之处)。

我要从这个价值认知开始,因为我 99.9% 肯定,如果你正在读这本书,你的价值认知中有勇气。马娅·安杰卢(Maya Angelou)说:"勇气是所有美德中最重要的,如果没有勇气,你无法长久保持其他的美德。"正如我一直不厌其烦地告诉你,对于你来说保持孤僻、麻痹、取悦别人或完美主义很容易做到。勇气,无论如何,都是艰难的,但它很可能是你想要走的路。

让我们开始吧。

## 价值认知:勇气

勇气对你来说是什么样子的?

- 设置边界（也就是，进行艰难的对话）。
- 在需要时寻求帮助。
- 与你信任的人分享你的故事。
- 即使害怕，也要让自己脆弱下来。

## 价值认知：信仰

信仰对你来说是什么样子的？

- 经常呼唤你的更高的存在。
- 练习感恩。
- 练习正念（也就是，倾听你的直觉）。
- 冥想。
- 去教堂。

## 价值认知：真实

真实对于你来说是什么样子的？

- 说出一些关于你的事实（也就是说，支持你自己）。
- 意识到自己在追求完美或者取悦别人，并练习优先尊重自己。
- 为你的错误承担责任并将一切"乱子"清理干净。
- 展露不完美的自我。

请尽情使用我所做的列表和示例，或者用自己的话改写示例。使用你在生活中实践的每个价值认知（或者选择不去实践它们的具体情况），可能对你有帮助。这会让你看到你在哪里可以做出改进。

你看，有时候（好吧，很多时候）实践你的价值认知对你来说并不是一件舒服的事。我们做事情习惯于以恐惧为出发点：希望自己被别人喜欢，希望事情顺利进行，希望躲过一些厄运。我对你的希望是，为你在镜子里看到的那个人感到骄傲，并且在做了不舒服的事情和践行自己的价值认知之后，能够对你做出的决定感觉良好。

现在我要讲讲阿曼达的例子。她对她所在的公司的管理制度感到不满。不仅是管理不善——有些不公平的事发生了，而她觉得她（和她的同事）是在任人摆布。她试着去处理这个问题，但几个月过去了，她感到更加愤怒和不满，同时发现自己经常抱怨工作。简而言之，她工作得很不开心，因为她的价值认知被践踏了。随着时间的推移，她意识到她有三个选择。

1. 什么也不做，而这样的事情会继续发生，并且可能变得更糟。她会继续对工作感到愤怒。
2. 什么也不做，什么也不说，仅仅辞职不干，一刀两断。
3. 大声说出发生的事情，要求公司做出改变，如果他们没有做出改变，再决定是否留下来。

对于要做什么，她苦苦思索了数周。最后，她决定选择第三个。她提前就想好要对她的经理说什么，她需要喊出什么，以及她有什么诉求。她要求召开一个工作会议，并勇敢地说出她需要说的话。她害怕了吗？是的，很怕。当她结束那场谈话时，她是否为自己感到自豪？是的。他们试图提出一个折中方案，这让阿曼达感觉不好，所以她决定离开。

但愿我说清楚了，我并不是鼓励你实名又草率地表达自己的要求，或者以勇气为名辞去你的工作。这不是关于"零在意"的问题。阿曼达花了很多时间决定如何优雅、诚实和友善地传达她的担忧，并且清楚她的目的是以正直为出发点，以及自己在维护自己所信仰的东西。她没有把她所有胜利的希望都寄托在谈话的结果上。那和实践你的价值认知无关。实践你的价值认知并不是要一直胜利或始终表现得很了不起。它所包含的是，知道什么对你来说是重要的，为什么，以及把你的价值认知付诸行动意味着什么。所有这些努力都是为了让你感觉良好，并为自己的行为感到自豪。

> 实践你的价值认知并不是要一直胜利或始终表现得很了不起。它所包含的是，知道什么对你来说是重要的，为什么，以及把你的价值认知付诸行动意味着什么。所有这些努力都是为了让你感觉良好，并为自己的行为感到自豪。

## 寻找示警信号

此时此刻，你可能会注意到，你的一些习惯和行为像示警信号一样出现，这使你知道你在背离自己的价值认知。换句话说，我希望你能够意识到，有时候你会基于某种不快做出决定。大多数时候，这种感觉是恐惧。

下面是两个例子：你对自己不想做的事情说"是"——也许这使你背离了勇气和真实的价值认知；或者，你发现自己在说某个认识的人的闲话——也许这使你背离了正直和友善的价值认知。

我还可以举一个更具体的例子，发生在我自己做这项工作时。我写下了我的示警信号，当我感到不满、猛烈抨击别人或采取行动消极对抗时，我意识到它们出现了。现在，当我这样做时，我知道自己并没有坚持我"勇气"的价值认知。而且，它意味着我没有和我需要进行沟通的人交流，或者在某处没有承担起责任，这违背了我"真实"的价值认知。那么，你的示警信号是什么呢？当你背离了自己的价值认知时，你在做什么，有什么感觉，或者在想什么？

## 想出你的咒语和宣言

最后的工具是想出一个咒语和宣言，帮助你记住自己的价值认知。我们之前使用过咒语，而宣言则是发起人对某种意图、动机或观点发布的口头声明。换句话说，你要确认什么对你来说是重要的（如果时机合适，最好配个麦克风）。但严肃地说，宣言阐明了你的意图、信仰，以及愿景。

当事情变得不稳定时，你可以对自己说这些咒语或宣言。你可以在锻炼、做瑜伽、用吸尘器打扫卫生或做其他什么事时说出它们！我的一些客户甚至会在做诸如拜日式①之类的身体动作时说出它们。但当你发现自己面临抉择——是运用一个你习惯了的躲藏行为，还是开始践行你的价值认知时，大多数时候这些咒语或宣言对你来说都会很完美。

一些咒语的例子如下。

- 我站在勇气之中；我站在信仰之中。
- 我是爱；我是智慧。
- 勇气、信仰、爱（可以简单地替换成你的价值认知，并重复它们）。
- 我的头脑和我的身体知道什么对我很重要。

做这件事并没有对错之分。我满心希望，它会给你很好的感觉，激励你，并让你明白你的价值认知是什么。

至于你的宣言，下面也有一些简单的例子。

- 我相信……
- 在我内心的最深处，我……

---

① 瑜伽的一种基础练习方法，由12个朝拜太阳的姿势组成。——译者注

- 我热爱……
- 这是我确信的……
- 我主张……
- 我爱……
- 我来到人间是为了……
- 我会爱我自己,通过……

我用我拥有的一切向你保证,你如果做了这些练习(同时不仅能识别出你的价值认知是什么,还能认识到它们对你来说意味着什么),就能很快走向一种更丰富、更充实的生活。价值认知是不开心的解毒剂之一。一旦认识到了它们,你就可以让它们为你铺平道路了。

## 问自己一些难题

- 你的价值认知是什么?
- 你的价值认知在现实生活中是什么样子的?你的日常行为是怎样引导你走向践行它的道路的?
- 你还记得没有实践自身的价值认知的时刻吗?感觉如何?当时你能做些什么不同的事来一直实践自己的价值认知?
- 哪些示警信号让你意识到你已经背离了自己的价值认知?

第 16 章

# 我所知的真理

在即将完成这本书时，我飞回圣迭戈去拜访朋友，接着停下来去看望我爸爸。我和他共进午餐，这是一次愉快的拜访，一切都很好很正常。

差不多3个月后，我的继母告诉我，他因严重贫血住进了医院，当时他正在接受输血，医生在进行检查。不久之后，他被证实患有一种罕见的白血病，而且余生只有几个月的时间。当我试图在理智上接受我父亲身患绝症这个事实时，我也知道自己从来没有失去过任何一个亲近的人，而且对于接下来会发生的事毫无准备。

我飞回家中，并帮着照顾了他好几天，这既温暖了我的内心，又让它支离破碎。他于2016年10月16日去世，当时他在我家乡海滩附近的一家美丽的公寓里接受临终关怀，我一个人坐在他的床边。

我悲痛欲绝。这是那些崩溃的时刻之一，而我却不得不决定每天要做些什么。这真讽刺，真的。此刻我在写的这本书，是关于那些会让我们在艰难时刻过得不开心的习惯，而我则面临着终极挑战。我会食言吗？

我本可以选择重回这本书中提到的许多习惯的怀抱里。我本可以花好多天自责，因为我不是一个"最佳"女儿，并且搬离了我成长的州郡。我本可以孤立自己，不依靠任何人，或者为了紧紧抓住某种确定的东西而直接冲向控制和完美主义。我本可以是"坚强的人"，就让别人去精神崩溃吧，而我却不以苦乐为意。我本可以痛斥和指责别人。

当然，我过去最喜欢的和最终转向的习惯，是麻痹自己。我本可以再次开始酗酒，或者穿上跑鞋去跑步，直到感觉双腿要从我的身上断掉了。我本来可以用信用卡去购物中心购物。做任何能让我摆脱我正在感受到的恐慌、悲伤和纯粹折磨人的毁灭的事情。

你知道吗？我做了其中的一些事。我懊悔地想我本可以怎样做一个更好的女儿。有那么几天我孤立了自己，没有告诉任何人就悄悄离开了。我过度地运转着。我对着不该发火的人发火。第一次得到他病危消息那天，在一阵恐慌中，我开车到商场中寻找完美的丧葬礼服，因为我不能想象没有穿着完美的礼服出席我父亲的葬礼，最终我花了一大笔钱买了我只会穿一次的衣服和鞋子。我走出商店，感觉只轻松了5分钟。

但是所有这些都不要紧。

痛苦激发了我们人性中最原始的部分。这些情感把我们连接在了一起。我们感受到的快乐、我们对彼此的爱、我们失去某个人时的极度痛苦……这些情感我们都知道，也都拥有。我们都是混乱的人，跌跌撞撞一路走来，仅仅因为害怕，就可能退回到并不能让我们开心的习惯和行为上去，同时又会尽己所能做到最好，日复一日。

偶尔的崩溃是可以的。我的希望是，你要知道自己处在哪个阶段，并且知道什么对你来说很重要，同时做出清醒的选择。你要足够相信自己，知道即使你重拾这些习惯，也只是暂时的，你会在火焰的另一边安然无恙地走出来。你会优雅而温柔地对待自己，尽自己最大的努力。因为那曾是我们所能做的全部。

现在，你已经拥有了无数的工具，而且，我希望你有足够的自我意识，知道自己可以度过那些美好的时光和最具挑战性的时刻。

我从来没有像这样失去过任何人，也是第一次仔细凝视我父亲的生命，这让我对我所知道的生活真理有了新的见解。

我真的相信大家读到这里是为了学习、服务、爱别人和我们自己。你要承担起这三件事的全部责任。这三件事都同样难以做到，同时让人不敢承诺。但是，当我们保证去做这些事情时，学习、服务和爱会是你所能做的最美好的事情。

我真的相信我们的幸福是用我们与我们最关心的人之间关系的健康程度来衡量的。

我真的相信我们都在努力找到自己，找到彼此，然后努力回到彼此身边。

我也相信，如果朝着我们的痛苦和欢乐走去，而不是远离它们，如果更坦率地谈论我们的痛苦和欢乐，我们就会获得治愈和成长，彼此会更紧密地连接在一起。通过拥有这些连接，我们会觉得自己拥有了想要的一切。

而我真的相信，在这一生中，我们都在陪伴彼此走回最温暖的港湾。

# 致　谢

首先，我要感谢所有"你的人生了不起"社区（Your Kick-Ass Life community）中的女性们，我的私人客户以及我小组项目中的女性们。你们的故事、你们的坦率和改变的意愿对我的激励无法用语言表达。这本书诞生于你们对自己生活的分享。

我非常感谢帮助我一路走来的朋友们：艾米（·古莱）·史密斯、凯特·安东尼、凯特·斯沃博达和考特尼·韦伯斯特。感谢莉萨·格罗斯曼，你不知道你对我和这本书提供了多大帮助。还要感谢卡丽·克拉森，我们的友谊尽管建立于悲伤的氛围之中，对我来说却和世界一样重要，谢谢你。

感谢我的文学代理人史蒂夫·哈里斯，感谢你不停地打电话询问本书进展，并再三催促我把它写完。感谢你在听到书名时放声大笑，并赞同我的决定。感谢 Seal Press 的团队，尤其是劳拉·马泽，她的才能、耐心和亲切的话语，对我产生了巨大帮助。

感谢贾森、科尔顿和悉尼,谢谢你们带给我快乐,你们永远是我生命中的最爱。

还有感谢爸爸,谢谢你爱我、信任我,让我有幸来到你的家中。

# 出版后记

应对负面情绪似乎是一个永恒的难题。人人都希望让自己开心起来，但一有风吹草动，内心就往往丢盔弃甲，似乎永远不能为自己的情绪做主。

安德烈娅·欧文则告诉我们，负面情绪的连环套是由内心的14种坏习惯交织起来的。她像一位与我们朝夕相处的朋友，言辞亲切却充满力量，在对问题条分缕析之余，还告诉我们具体实用的方法。

成为自己的情绪管理专家，提升自身情商和生活质量当然并不困难。除本书及《整理情绪的力量》之外，以后我们还会推出更多关于情绪管理的书，敬请期待。

服务热线：133-6631-2326　188-11142-1266

服务信箱：reader@hinabook.com

后浪出版公司
2020年6月

图书在版编目（CIP）数据

如何停止不开心：负面情绪整理手册 /（美）安德烈娅·欧文著；曹聪译. -- 贵阳：贵州人民出版社，2020.8（2021.1重印）

ISBN 978-7-221-16004-1

Ⅰ.①如… Ⅱ.①安…②曹… Ⅲ.①情绪—自我控制—通俗读物 Ⅳ.①B842.6-49

中国版本图书馆CIP数据核字(2020)第095183号

HOW TO STOP FEELING LIKE SH*T: 14 Habits that Are Holding You Back from Happiness by Andrea Owen
Copyright © 2017 by Andrea Owen

Published by arrangement with Taryn Fagerness Agency through Bardon-Chinese Media Agency
Simplified Chinese translation copyright © 2020 by Ginkgo (Beijing) Book Co., Ltd.
ALL RIGHTS RESERVED

本书中文简体版权归属于银杏树下（北京）图书有限责任公司。

著作权合同登记图字：22-2020-104号

## 如何停止不开心：负面情绪整理手册
### RUHE TINGZHI BUKAIXIN FUMIAN QINGXU ZHENGLI SHOUCE

| | |
|---|---|
| 著　　者：[美]安德烈娅·欧文（Andrea Owen） | 译　　者：曹聪 |
| 选题策划：后浪出版公司 | 出版统筹：吴兴元 |
| 责任编辑：周湖越 | 特约编辑：曹可 |

出版发行：贵州出版集团　贵州人民出版社
　　　　　后浪出版公司
邮　　编：550081
装帧制造：墨白空间
封面设计：児日设计·倪旻锋
印　　刷：北京盛通印刷股份有限公司
开　　本：889毫米×1194毫米　1/32
印　　张：8.75　　字数：184千字
版　　次：2020年8月第1版
印　　次：2021年1月第4次印刷
书　　号：ISBN 978-7-221-16004-1
定　　价：39.80元

后浪出版咨询（北京）有限责任公司　常年法律顾问：北京大成律师事务所　周天晖　copyright@hinabook.com
未经许可，不得以任何方式复制或抄袭本书部分或全部内容
版权所有，侵权必究

本书若有质量问题，请与本公司图书销售中心联系调换。电话：010-64010019